SAFe 6.0 im Unternehmen implementieren –
Lean und Agile erfolgreich skalieren

Jan Ahrend

SAFe 6.0 im Unternehmen implementieren

Lean und Agile erfolgreich skalieren

mitp

Bibliografische Information der Deutschen Nationalbibliothek
Die Deutsche Nationalbibliothek verzeichnet diese Publikation in der Deutschen Nationalbibliografie; detaillierte bibliografische Daten sind im Internet über http://dnb.d-nb.de abrufbar.

Bei der Herstellung des Werkes haben wir uns zukunftsbewusst für umweltverträgliche und wiederverwertbare Materialien entschieden.

Der Inhalt ist auf elementar chlorfreiem Papier gedruckt.

ISBN 978-3-7475-0742-1

1. Auflage 2023

www.mitp.de

E-Mail: mitp-verlag@sigloch.de
Telefon: +49 7953 / 7189 - 079
Telefax: +49 7953 / 7189 - 082

Lektorat: Katja Völpel
Sprachkorrektorat: Petra Heubach-Erdmann
Covergestaltung: Christian Kalkert
Bildnachweis: Smile Studio AP/stock.adobe.com
Satz: III-satz, Kiel, www.drei-satz.de
Druck: Plump Druck & Medien GmbH, Rheinbreitbach

Inhaltsverzeichnis

Einleitung

Unternehmen agilisieren sich, um in schnell ändernden Marktumfeldern besser handlungsfähig zu werden. Das liegt im Trend der Zeit. Ein sehr erfolgreiches Modell dazu ist SAFe®, Scaled Agile Framework. Besonders in Deutschland erfreut es sich zunehmender Beliebtheit. Es ist gut dokumentiert und standardisiert. Trainings und Berater sind zertifiziert und erfahren. Aktuell gibt es über 15 verschiedene standardisierte Kurse und eine Community-Plattform für Best Practice und Templates. Viele Workshops sind vorbereitet und stehen zum Download bereit. Wozu also ein Buch zum Thema SAFe®? Genau die Fülle an Best Practice, Schulungen und Workshops hat sich in der Praxis für viele Kunden und Berater als Problem erwiesen. Sie sehen sprichwörtlich den Wald vor lauter Bäumen nicht mehr. Hier wird es um die Reise zu SAFe® und um die Transformation von Organisationen gehen. Die Vorteile von SAFe®, um deren Willen es eingeführt wird, sind als Navigations-Rose auf der SAFe® Implementation Roadmap dargestellt.

Business-Ergebnisse:

- 30–75% schnellere Time-to-Market
- 25–75% bessere Qualität
- 20–50% erhöhter Produktivität
- 10–50% mehr Engagement der Mitarbeiter

Roter Faden des Buches

Diese Ergebnisse sind belegt und zeigen das Potenzial auf. Sie sind jedoch keinesfalls garantiert. Sie lassen sich nur erreichen, wenn das Modell auch vollständig und korrekt eingeführt wurde. Die SAFe® Implementation Roadmap zeigt den Ablauf der Transformation einer Organisation auf. Diese Roadmap wird auch der rote Faden für dieses Buch sein. Neben der Beschreibung, wie es richtig geht, werden in diesem Buch Muster des Scheiterns aufgezeigt. Diese Muster haben sich in diversen Implementierungen und Unternehmen im deutschsprachigen Raum gezeigt. Viele dieser Muster stehen im direkten Zusammenhang mit der deutschen Kultur und der Organisationskultur in Großunternehmen. Sie werden hier beschrieben, um aus den Fehlern anderer zu lernen.

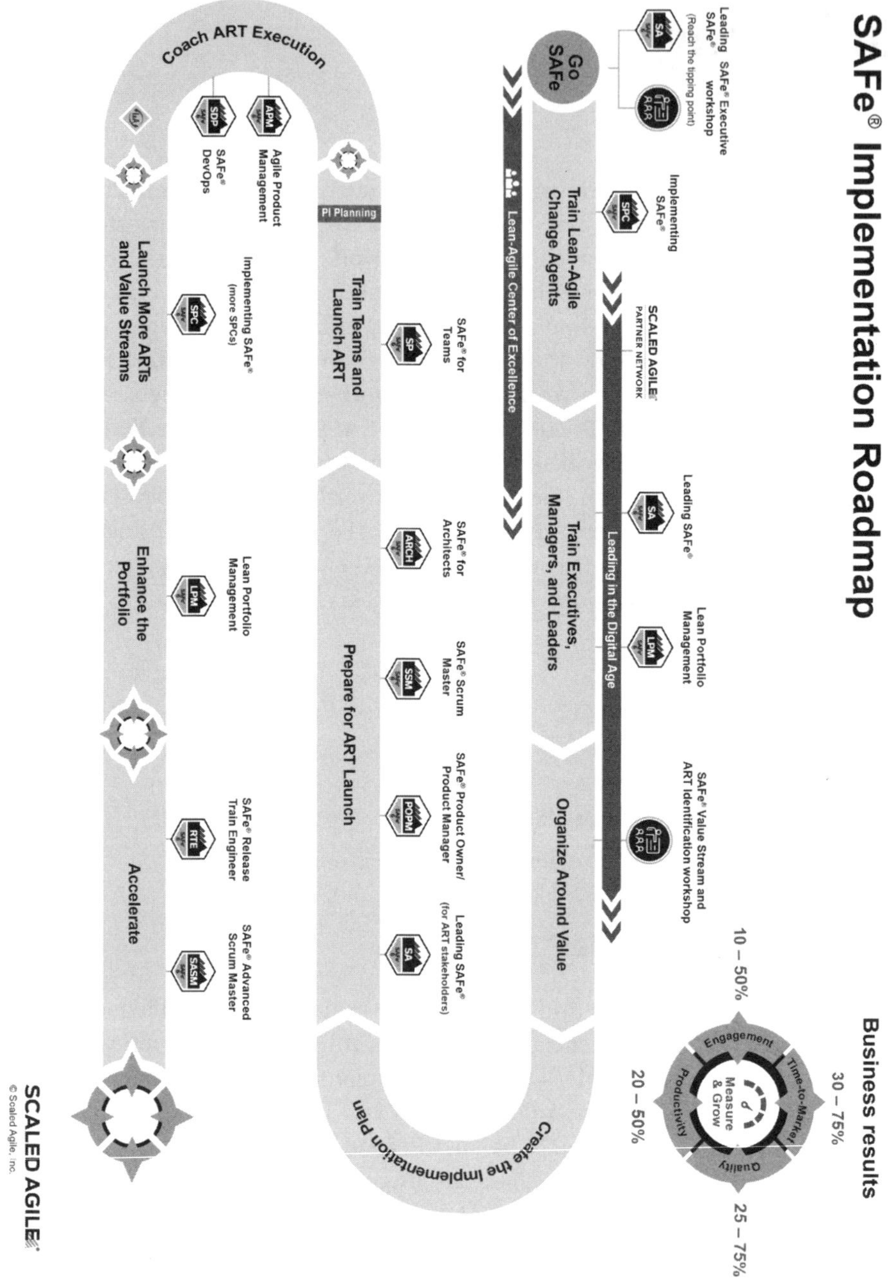

SAFe® Implementation Roadmap[1]

Die Stationen auf der Reise zu SAFe® sind die folgenden Kapitel:

- GoSAFe® Implementation Roadmap – hier wird beschrieben, wie ein guter Start für die Transformation gelingen kann.
- Das Change-Team – hier wird aufgezeigt, wie ein Change-Team aufgebaut wird, um die Transformation der Organisation zu steuern.
- Leadership in SAFe® – SAFe® beinhaltet ein Führungsmodell, das von der Führung verstanden und verinnerlicht werden muss.
- Organise Around Value – entlang des Wertstroms des Unternehmens werden die Teams ausgerichtet.
- ARTs ausbilden und starten – hier wird die Implementierung auf Entwicklungsebene geplant und umgesetzt.
- Das Portfolio ausbauen – hier wird ein agiles Portfolio-Management aufgebaut.
- Den Ablauf beschleunigen – anhand von Kennzahlen wird der eingeführte Prozess optimiert und beschleunigt.

Zielgruppe

Auf dieser Reise werden das Modell und die wichtigsten Rollen in ihrem Zusammenspiel erklärt. Dabei wird immer der Blick für das Wesentliche bewahrt. Es werden nur unbedingt notwendige Elemente und Prozesse betrachtet. Details können jederzeit im Internet und in Schulungsunterlagen nachgeschlagen werden. Das Buch ist sowohl für Berater, Mitarbeiter als auch Führungskräfte interessant. Es soll ein Reiseführer zu einer erfolgreichen SAFe®-Einführung sein. Man bereitet eine Reise damit gut vor, nimmt ihn aber auch während der Reise immer wieder in die Hand, um an bestimmten Stellen noch einmal Details nachzulesen. Das ist der Anspruch dieses Buches.

1 https://scaledagileframework.com/wp-content/uploads/2023/01/IMPL-Roadmap_6.0_test.png

GoSAFe®

Das erste Kapitel beschreibt den ersten initialen Schritt auf der SAFe® Implementation Roadmap. Viele Auswirkungen dieser Entscheidung werden Ihnen erst später klar. In diesem Kapitel geht es um einen Überblick über die Folgen des ersten Schrittes für den Ablauf der Reise.

1.1 SAFe® Overview

Das SAFe® BigPicture überfordert viele Betrachter auf den ersten Blick. Da sind viele kleine Icons zu sehen. Auf jedes kann man klicken und bekommt weitere Texte und Grafiken angezeigt. Auf der rechten Seite kann man den Implementation Level ändern. Dabei verschwinden und erscheinen Teile der Grafik. Das liegt daran, dass es verschiedene Bausteine in SAFe® gibt, die man wie LEGO zusammensetzen kann. Aus diesen Bausteinen wird ein Netzwerk entlang der Wertschöpfung des Unternehmens aufgebaut. Die oberste Ebene wird direkt aus der Strategie des Unternehmens abgeleitet. Das Portfolio steuert die strategische Entwicklung des Geschäfts. Hier werden die Budgets für die Umsetzung verteilt. Unter dem Portfolio gibt es zwei operative Level für die Umsetzung dieser Geschäftsideen. Die Large Solution ist dabei optional. Sie wird nur genutzt, wenn intensive Abstimmung im untersten Level notwendig ist. Das unterste Level nennt sich Essential. Hier wird Software entwickelt, getestet und betrieben. Maximal 150 Mitarbeiter in bis zu 15 Teams werden zu einem sogenannten Agile Release Train – ART – zusammengeschlossen. Sie planen und liefern Software gemeinsam. Es werden immer fünf zweiwöchige Sprints zu einem Product Increment – PI – zusammengeschlossen. Diese werden von allen Teams gemeinsam in einem großen Workshop geplant – PI Planning. Diese Planung wird in den Folgewochen von den Teams agil in den Sprints umgesetzt. Die Teams arbeiten in Kanban oder Scrum.

Auf der linken Seite der Grafik in Abbildung 1.1 sind die jeweiligen Rollen in dem jeweiligen Level und deren Kollaboration dargestellt. Die Anordnung der Rollen übereinander bedeutet nicht, dass diese eine hierarchische Beziehung zueinander haben. Die oben angeordneten Rollen haben größere Verantwortungsbereiche. Sie arbeiten alle gemeinsam auf Augenhöhe entsprechend der Rollenbeschreibung miteinander.

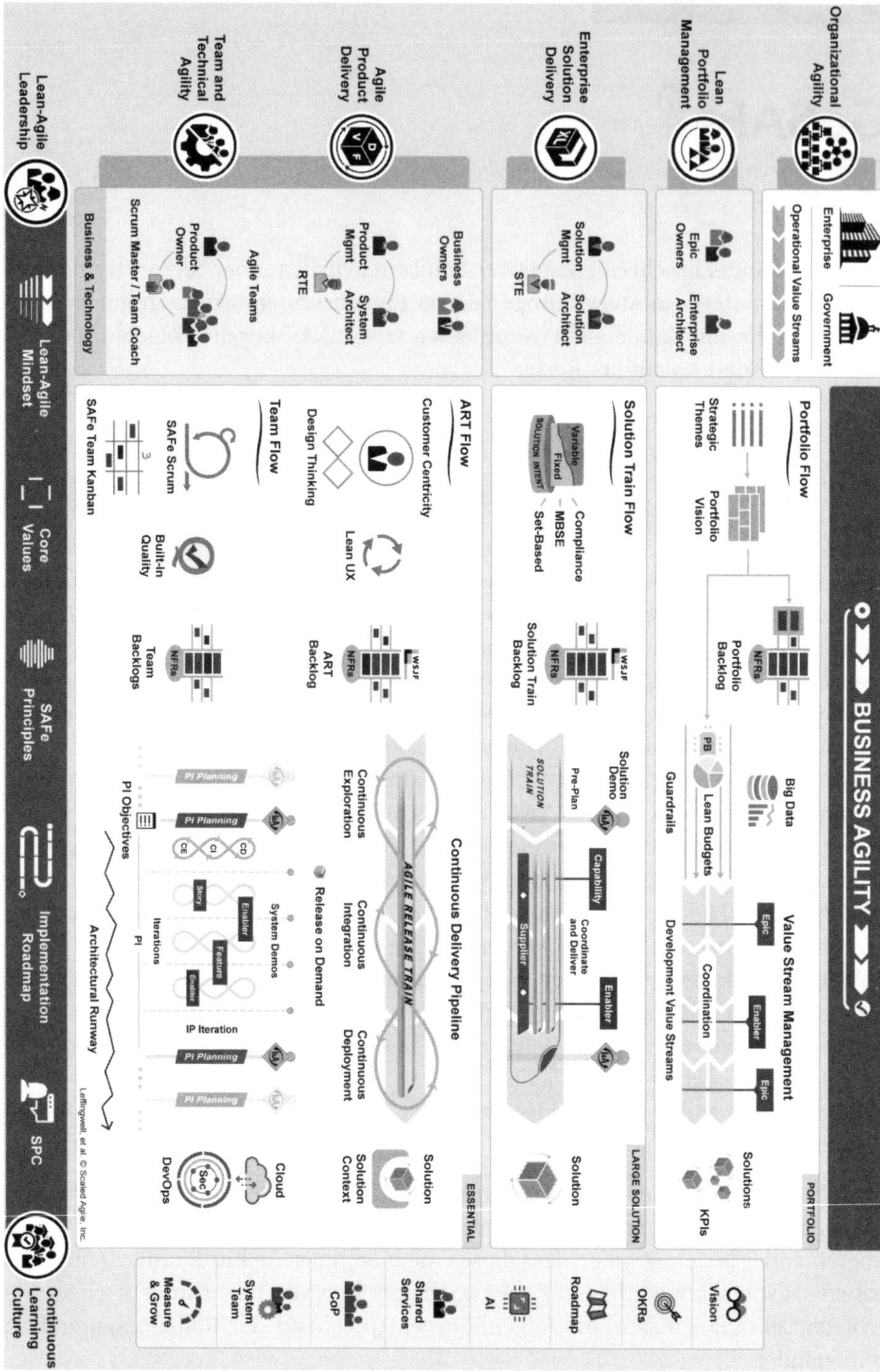

Abb. 1.1: SAFe® Big Picture[1]

Die runden Icons links und unten in der Grafik stellen die Kernkompetenzen auf dem jeweiligen Level dar. Diese Kompetenzen werden in der Implementierung der Level benötigt. Auf der rechten Seite sind übergreifend relevante Elemente. Sie werden auf allen Level benötigt.

Der untere dunkle Balken bildet das Fundament ab, auf dem SAFe® steht. Auf dieser Basis bauen alle Rollen und Prozesse auf. Der obere dunkle Balken ist die Business Agility. Sie stellt sich ein, wenn SAFe® vollständig implementiert ist. Die unteren Ebenen setzen die technische Agilität um, sie ist die Basis für strategische und organisationale Beweglichkeit. Das Unternehmen ist in der Lage, schnell auf sich ändernde strategische Herausforderungen zu reagieren.

1.2 Dual-Operating-System – Zwei Betriebssysteme

Die bestehende Hierarchie der Führungskräfte ist das klassische Betriebssystem einer Organisation. Alle Aufgaben und Verantwortungen werden klassisch darüber abgebildet. Dieses Betriebssystem bleibt auch in SAFe® bestehen. Es wird zusätzlich ein zweites Betriebssystem ergänzt und die beiden Systeme werden miteinander verbunden. Das neue Betriebssystem wird als Netzwerk entlang der Wertströme gestaltet. Die Elemente, aus denen dieses Netzwerk besteht, wurden im vorherigen Abschnitt beschrieben. Man kann dieses System auch Prozessorganisation nennen. In diesem System wird die Verantwortung für die IT-Produktentwicklung und den Betrieb übernommen.

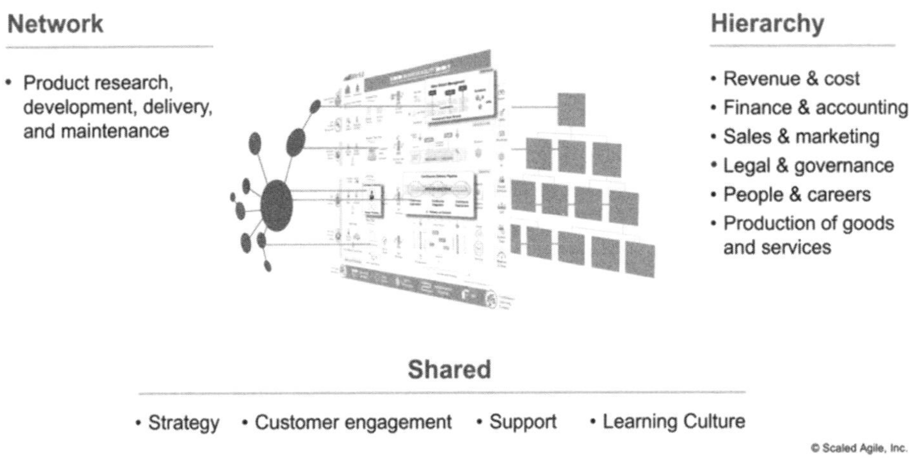

Abb. 1.2: Zwei Betriebssysteme[2]

1 https://scaledagileframework.com/wp-content/uploads/2023/03/Full-1.png
2 https://scaledagileframework.com/wp-content/uploads/2022/11/10-Organize_around_value_F01_WEB.png

Der große Vorteil, die Entwicklung und Lieferung der IT-Systeme aus der Aufbauorganisation herauszulösen, liegt in der Ausrichtung nach Wertströmen und damit auf den Kunden. Es wird möglich, schneller zu liefern und Feedback zu bekommen. Die notwendigen Entscheidungen können direkt von den Experten getroffen werden. Sie brauchen nicht mehr den Umweg über die Hierarchie zu gehen, um eine Entscheidung zu erwirken. Den Mitarbeitern wird über die SAFe®-Rollen Verantwortung übertragen. Sie können gemeinsam über die Produktentwicklung entscheiden. Dies wird durch das SAFe®-Prinzip Nummer 9 gestärkt: dezentralisierte Entscheidungen.

Ganz wichtig für eine Einführung von SAFe® ist es, zu verstehen, dass es nicht nur um das Erlernen von Neuem geht, sondern auch um das Verlernen von Bestehendem. In der Zeit vor SAFe® war die gesamte Verantwortung in der Hierarchie verankert. Bestimmte Führungskräfte, Stabsstellen und Mitarbeiter hatten die Aufgabe der Produktentwicklung. Dort gibt es bestehende Prozesse und Regularien. Es ist davon auszugehen, dass diese nicht ohne Weiteres mit SAFe® vereinbar sind. Das Unternehmen hat selbst Rollen entwickelt, die zum großen Teil auch in den Arbeitsverträgen verankert sind. Diese passen in der Regel nicht zu SAFe®. Ein Großkonzern ist keine grüne Wiese, wo man ein neues System neu aufbauen kann. Es wird viele Menschen geben, die gefühlt etwas verlieren. Es wird Menschen geben, die der Meinung sind: »Früher war alles besser und einfacher«, »Da haben wir mal eben was live eingespielt«. Diese Menschen müssen überzeugt und mitgenommen werden auf die Reise.

1.2.1 Struktur von ANTI-Pattern

Viele Unternehmen haben bereits SAFe® eingeführt und es war in der Praxis nicht immer nur ein Spaziergang entlang der SAFe® Implementation Roadmap. Es hat auch Konflikte und Fehlentscheidungen gegeben. Alle Stellen, an denen ich und meine Kollegen Erfahrungen mit solchen Fehlentwicklungen gesammelt haben, sind in diesem Buch als Anti-Pattern dargestellt. Also Muster, die beschreiben, wie man es auf keinen Fall machen sollte. Sie werden hier immer mit ihrer Auswirkung dargestellt, um die Möglichkeit zu geben, aus den Fehlern anderer zu lernen. Manchmal sind auch Lösungen von Problemen beschrieben.

Anti-Pattern »Klare Verantwortung«

Eine Organisation hat die Verantwortung für die Entwicklung von Software nicht vollständig an die Ablauforganisation entlang des Wertstroms übergeben. Die alten Stabsstellen und deren Regularien wurden nicht abgeschafft. Als Folge mussten die alten Prozesse und die neuen gleichermaßen befolgt werden. Dies führte zu einer steigenden Komplexität und dadurch zu einer Verlangsamung aller Prozesse. Neben der Prozesskomplexität hat dies zu Rollen- und Verantwortungskonflikten geführt. Zentrale Entscheidungen der alten Struktur standen im

Widerspruch zu lokalen Entscheidungen der neuen Struktur. Der Konflikt konnte nicht immer konstruktiv zu einer Lösung moderiert werden und es gab offene Auseinandersetzungen. Neben heißen Konflikten entstanden auch kalte Konflikte eines gegenseitigen Ignorierens. »Wir machen hier einfach weiter, als ob es euch nicht gäbe.« Entscheidungen wurden verzögert oder ignoriert. Durch die vielen kleinen Detailprobleme wurde das darunter liegende Strukturproblem verdeckt und entzog sich auf diese Weise einer wirklichen nachhaltigen Lösungsfindung. Es dauerte sehr lange, bis der Konflikt aufgelöst werden konnte.

Neben dem Bereich, der vollständig an das zweite Betriebssystem übergeben wird, gibt es weitere Bereiche der gemeinsamen Verantwortung. Diese Bereiche sind:

- Strategie
- Kundenbindung und Kundeneinbindung
- Kundensupport
- Lernkultur

Hier sind besonders die Bereiche Strategie und Kundenbindung als Teil des Marketings eine große Herausforderung. Strategie wird üblicherweise von der Geschäftsführung unterstützt und von Beratungsteams ausgearbeitet. Auch hier gilt es wieder, das Bestehende zu verlernen, um Platz für etwas Neues zu schaffen. Geteilte Verantwortung bedeutet das Agieren auf Augenhöhe. Dieser Teil ist besonders für die Führungskräfte an der Spitze neu und ungewohnt. Die Integration der beiden Betriebssysteme kann nur gelingen, wenn an den Stellen der gemeinsamen Verantwortung kein hierarchisches Gefälle mehr existiert.

Anti-Pattern »Business-Integration«

Ein Shared Service Center eines großen Konzerns führte SAFe® ein. Das Shared Service Center hatte selbst eine Strategie. Sie bestand darin, den Entwicklungs- und Betriebsservice für den Konzern bereitzustellen. Die inhaltliche Strategie und der Kundenkontakt wurden in anderen Bereichen des Konzerns verantwortet und gestaltet. SAFe® wurde jedoch nur in dem Shared Service Center eingeführt. Dies verlief anfangs reibungslos. Die ersten Probleme zeigten sich bei der Besetzung der Business- und Epic Owner. Es gab niemanden, der wirklich ein Geschäft verantwortete. Ein Zugriff auf die Mitarbeiter außerhalb des Shared Service Centers war nicht möglich. Dieses Problem ließ sich noch mit bestimmten Vertretern, die als Proxy fungierten, überbrücken. So richtig problematisch wurde es jedoch, als auf der Konzern-Roadmap immer mehr Erwartungen an das Shared Service Center formuliert wurden, die nicht mehr erfüllbar waren. Alle neuen Themen wurden mit Fertigstellungstermin geplant. Die Mitarbeiter des

Shared Service Centers konnten die strategischen Themen weder beeinflussen noch ablehnen. Auch der Endkundenkontakt für Prototypen stellte sich als hochproblematisch heraus. Hier hatten die Produktverantwortlichen in SAFe® nicht nur das Marketing, sondern auch die Rechtsabteilung gegen sich aufgebracht. SAFe® musste im Konzern auf eine höhere Stufe gehoben werden, um alle Kompetenzen, die für interdisziplinäre Teams notwendig sind, integrieren zu können.

1.2.2 Einfluss auf die Linienorganisation

Die Bereiche, die in der klassischen Hierarchie verbleiben, sind von den wenigsten Veränderungen betroffen. Diese sind:

- Umsatz und Kosten
- Finanzen und Buchhaltung
- Vertrieb und Marketing
- Rechtsabteilung und Revision
- Personalabteilung
- Produktion und Fertigung

Die grauen Striche auf der Grafik zwischen den zwei Betriebssystemen sollen Verbindungen symbolisieren. Diese Verknüpfungen werden über Personen und Rollen realisiert, die in beiden Systemen Verantwortung tragen. Die häufigste Verbindung entsteht durch die Rolle des Business Owners oder die des Epic Owners. Diese zwei SAFe®-Rollen sollen die Integration der entwickelten Lösung in die Hierarchie unterstützen. Auch an vielen anderen Stellen kann eine Verbindung hilfreich sein. Die Personalabteilung sollte zum Beispiel Arbeitsverträge und Stellenausschreibungen haben, die für beide Systeme passen. Auch die Rechtsabteilung wird in bestimmten Phasen der Produktentwicklung immer wieder benötigt werden. Hier ist temporär sogar eine aktive Mitarbeit in dem SAFe®-Prozess zu erwarten. Fragestellungen könnten hier z.B. sein: Wie ist ein bestimmter Service DSGVO-konform? Eventuell sind sogar Abnahmen und Zertifizierungen notwendig.

Anti-Pattern »Einflüsse aus der Linie«

Die Personalabteilung eines Konzerns bestimmte die Gehaltsgruppen für alle Mitarbeiter. Die SAFe®-Rolle des RTE ist ein Coach und Koordinator für einen ART. Diese Rolle war im Gehaltsgefüge sehr weit unten angesiedelt. In SAFe® ist der RTE eine moderierte Führungskraft für bis zu 150 Mitarbeiter. Das bedeutet erhebliche Verantwortung und Komplexität der Aufgabe. Das Ergebnis der fehlenden Attraktivität der Rolle war, dass interne Mitarbeiter sich nicht auf die ausgeschriebenen Stellen beworben haben. Auch am externen Markt gab es keine ausreichend qualifizierten Kandidaten. In der Folge musste diese Rolle von externen Beratern übernommen werden. Diese waren jedoch selbst bei einem anderen Unternehmen angestellt und wurden entsprechend oft ausgetauscht. Die Rolle RTE hat für die Einhaltung und Weiterentwicklung der Prozesse auf ART-Ebene eine zentrale Bedeutung. Diese konnte durch die hohe Fluktuation nicht zu jeder Zeit hochwertig wahrgenommen werden. Als es aufgrund von wirtschaftlichen Engpässen zu Budgetkürzungen bei externen Beratern kam, wurden viele Verträge von RTEs nicht weiter verlängert. Dies führte zu einer Überlastung der Mitarbeiter und zu einer weiteren Verschlechterung der Qualität der Koordination. Das Coaching der ART wurde als Erstes eingestellt. Es wurden nur die nötigsten operativen Themen erledigt. Der Verbesserungsprozess stockte und die Qualität sank weiter.

1.3 Transformation der Organisation

In den beiden vorangestellten Abschnitten sind die ersten Elemente und das Zusammenspiel von SAFe® dargestellt worden, um einen ersten Eindruck zu geben, welche Tragweite die GoSAFe®-Entscheidung für die Organisation hat. Reza Razavi sei an dieser Stelle zitiert mit seiner Einordnung von Change und Transformation:

»A butterfly is a TRANSFORMATION, not a better caterpillar.«

CHANGE

- CHANGE macht das System besser, schneller, qualitativer ...
- Vergangenheit ist der Bezugspunkt.
- Zukunft ist eine überarbeitete oder verbesserte Version der Vergangenheit.
- Alte bzw. verbesserte Spielregeln, Denkweisen
- Kein Paradigmenwechsel

TRANSFORMATION

- Durch TRANSFORMATION entstehen neue Systeme.
- Zukunft ist der Bezugspunkt.
- Die Zukunft wird verwirklicht, indem man sich von den Zwängen der Vergangenheit befreit.
- Neue Spielregeln, Denkweisen
- Paradigmenwechsel

1.3.1 Der gelebte Change in Organisationen

Einer Raupe kann man Flügel basteln und ankleben, sie wird niemals wie ein Schmetterling fliegen können. Nur wenn die Raupe die Transformation über die Puppe zum Schmetterling durchläuft, kann sie fliegen. Ähnlich ist es mit SAFe®. Die Veränderungen der Organisation sind so grundlegend, dass es nicht einfach damit getan ist, »dasselbe« leicht verändert einfach weiterzumachen. In großen Konzernen gehören Change-Initiativen der Geschäftsführung zum Alltag der Mitarbeiter.

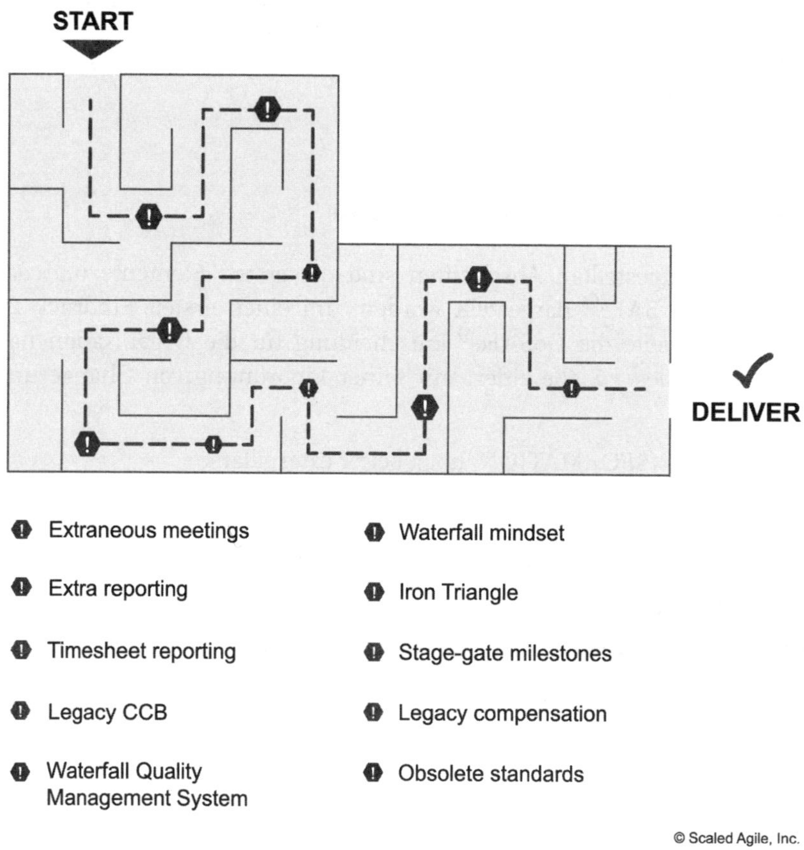

Abb. 1.3: Beispielhafter Value Flow in einer Hierarchie[3]

Aus der Position der Mitarbeiter betrachtet, kommen da wieder neue Berater und erklären einem neueste Trends mit bunten PowerPoint-Folien. Dann werden Change-Agents in die Organisation entsandt, um sie entsprechend umzugestal-

3 https://scaledagileframework.com/wp-content/uploads/2022/10/6-Make_value_flow_F09.svg

ten. Die Mitarbeiter hingegen versuchen, möglichst nichts am Bestehenden zu verändern. Wenige Woche später klopft der nächste Berater mit der nächsten Change-Initiative an. Die Mitarbeiter sind in vielen großen Konzernen zu Change-Experten geworden. Sie bewegen sich so spät wie möglich und so wenig wie nötig. Sie versuchen, sich im Hintergrund zu halten. Sie ändern ein paar Begriffe und machen weiter wie bisher. Sie sitzen den Change aus, bis das Spiel von vorne losgeht. So ungefähr sieht das reale Drehbuch vieler Change-Initiativen aus. So kann man SAFe® nicht einführen. SAFe® hat Erwartungen an die Kultur der Organisation, an die Führung und an das Mindset der Mitarbeiter. Das sind alles tiefgreifende und notwendige Veränderungen, die Teil des SAFe®-Systems sind. Die neuen Prozesse der Organisation nach Wertströmen funktionieren nur, wenn man Teile der alten Prozesse und Strukturen abschafft.

1.3.2 Historisch gewachsene Prozesse

Der alte Prozess gleicht in der Perspektive des Prozesses einem Labyrinth. Dieses Labyrinth blockiert das zweite Betriebssystem. Die Grafik zeigt exemplarisch, aus welchen Elementen sich klassische Projektorganisationen zusammensetzen. Nach der Logik eines Changes könnte man beginnen, das Bestehende ein wenig zu verbessern. In diesem Fall könnte ein solcher Ansatz folgendermaßen aussehen: das Legacy CCB zum Portfolio und das Waterfall Quality Management System zum Lean-Agile QMS umzubauen oder umzubenennen. Das wird nicht reichen. Im Bereich des zweiten Betriebssystems, das ist die Prozessorganisation, findet ein Paradigmenwechsel statt. Um diesen Paradigmenwechsel für die Mitarbeiter deutlich zu machen, braucht es klare Worte, Commitment und Involvement der Unternehmensspitze. Die Transformation muss langfristig geplant und gesteuert werden. Nur so kann sichergestellt werden, dass Mindset, Kultur und Führung nach SAFe® funktionieren.

Aus Prozessperspektive sieht die Umstellung auf den ersten Blick klein aus. Es geht darum, von Push auf Pull umzustellen.

Bei Push werden große Pläne erstellt und umgesetzt. Das Risiko dieser Pläne ist, dass sie den Kundenbedarf nicht treffen. Der Kunde ist nicht in den Prozess eingebunden. Er erhält die fertige Lösung erst am Ende. Dies hat besonders in dynamischen Märkten mit viel Konkurrenz fatale Folgen. Nicht nur die Investitionen in die falschen Funktionen sind das Problem. Der Zeitverlust, der entsteht, bis das Unternehmen seinen Fehler korrigiert und einen neuen großen Plan erstellen und umsetzen kann, wirkt sich fatal auf die Time-to-Market aus. Das Unternehmen gerät zunehmend in die Defensive und bekommt erhebliche Kostenprobleme. Viele so operierende Unternehmen werden zukünftig vom Markt verschwinden.

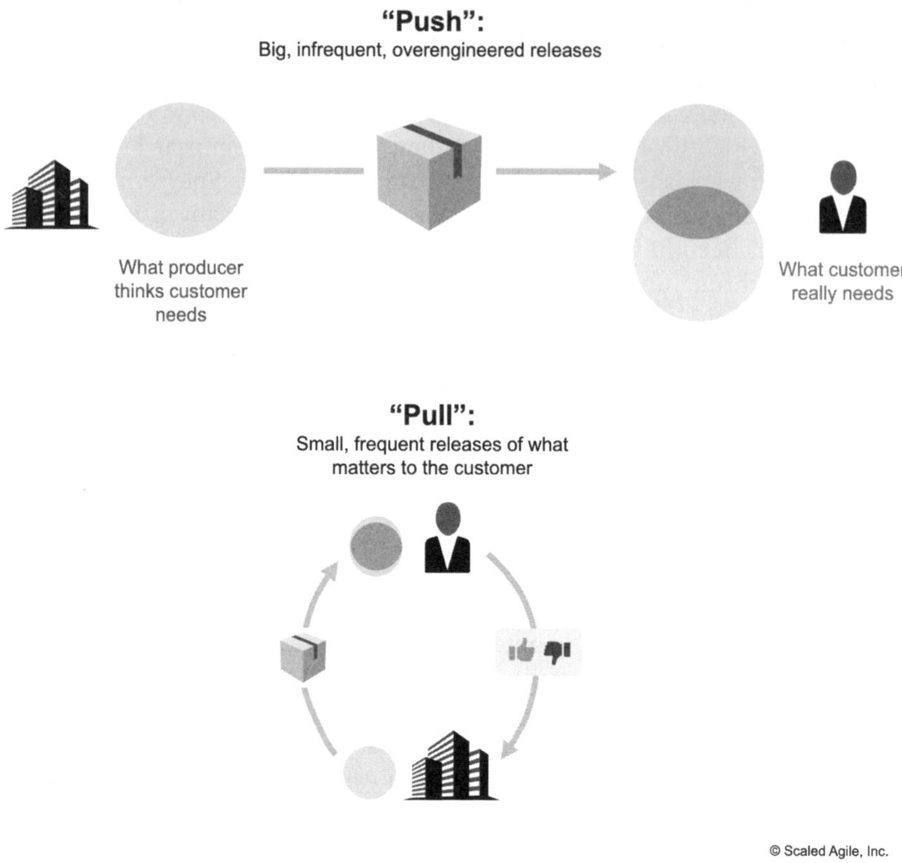

Abb. 1.4: Wertstrom-Organisation und Pull[4]

1.3.3 Ebenen von Agilität

SAFe® verbindet technische Agilität mit Business-Agilität. Auf diese Weise ist es möglich, sehr früh, direkt am Kunden schon, die Business-Vorhaben zu verifizieren, um sicherzustellen, dass das Richtige gebaut wird. Danach wird es erst richtig gebaut. Dies bewirkt einen Zeit- und einen Kostenvorteil. Mithilfe eines sogenannten MVP (Minimal Viable Product) wird die Idee am Kunden getestet. Durch die kontinuierlichen Rückmeldungen durch den Kunden während der Umsetzung ist es möglich, besser auf seine Bedürfnisse einzugehen. Diese Rückkopplung verbindet die Strategie mit der Umsetzung. In komplexen, sich im Umbruch befind-

4 `https://scaledagileframework.com/wp-content/uploads/2022/10/Value_Stream_Management_F06.svg`

lichen Märkten hat dieses Vorgehen erhebliche Vorteile. Mit einer zunehmenden Steigerung der Komplexität in allen Märkten durch zunehmende Konkurrenz und Dynamik kann diese Umstellung als eine Investition in die Zukunft betrachtet werden.

Anti-Pattern »Klassische Entwicklung in agilem Gewand«

Ein Konzern hat einen Dienstleister, der nach SAFe® arbeitet. Die internen Prozesse wurden angepasst, damit Features und Capabilities zur Steuerung der Anforderungen bereitgestellt werden konnten. Diese Entscheidung wurde auf Abteilungsebene getroffen. Es handelte sich um die Abteilungen der Software-Entwicklung. Die Ergebnisse zusammen mit dem Dienstleister waren sehr vielversprechend, weshalb man eine Ebene höher beschloss, SAFe® ganz einzuführen. Dies wurde aber nur in der Software-Entwicklung umgesetzt. Die angrenzenden Abteilungen blieben außen vor. Die Architektur und die Qualitätssicherung waren zwar dabei, versuchten aber, möglichst viel von ihren alten Prozessen in SAFe® zu überführen. Die Architekten stellten durch umfassende Checklisten an den Features und Capabilities sicher, dass Architekturmodelle und Diagramme erstellt wurden. Die Qualitätsabteilung sicherte sich durch Annahme-Checklisten ab, dass alle von ihnen geforderten Kriterien für eine nachträgliche Qualitätsprüfung geliefert wurden. Das Business forderte weiterhin die Projektstatus-Reports der Teams. Diese mussten jetzt sehr aufwendig extra erstellt werden, weil es kein Projekt mehr gab. Die operativen Mitarbeiter waren alle völlig überlastet und hatten keine Zeit, sich um die Fragen der Teams zu kümmern. Der administrative Overhead, der durch die zusätzlichen Checklisten und Reports entstand, hat die Produkt-Teams förmlich aufgefressen. So sieht es aus, wenn man SAFe® innerhalb des alten Prozess-Labyrinths in einem Silo und nicht umfassend einführt.

1.4 Der Einfluss der Organisationsreife

Je nachdem, welche Reife die Organisationskultur der Organisation erreicht hat, wird die Einführung von SAFe® unterschiedlich ablaufen. Grundsätzlich kann man sagen, je reifer, desto einfacher.

Frederic Laloux hat in seinem Buch »Reinventing Organisations« dargestellt, wie sich die Kultur in Organisationen im Laufe der Jahrhunderte entwickelt hat. Über die Zeit haben sich neue Organisationsformen ergeben, die bestimmte Vorteile gegenüber den bisher bestehenden hatten.

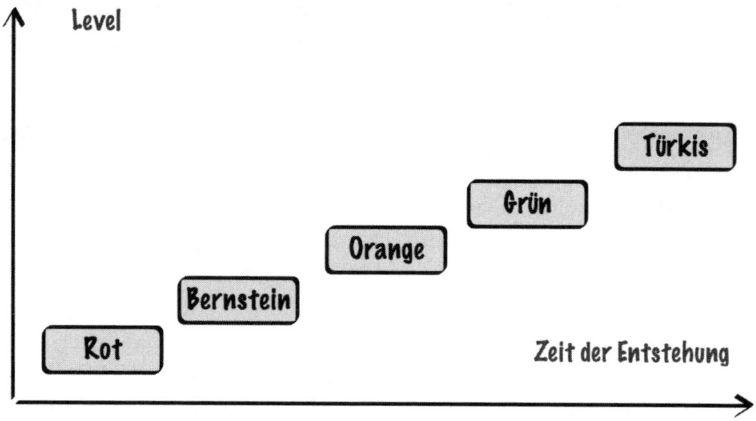

Level	Rot	Bernstein	Orange	Grün	Türkis / Opal
Erscheinungs-form	Impulsiv	Konformistisch	Erfolgreich	Pluralistisch	Evolutionär
Archetype	Wolfsrudel	Armee	Maschine	Familie	Lebender Organismus
Merkmale	Erzeugt durch Gewalt und Herrschaft eines Häuptlings über eine Gruppe, Loyalität und Furcht vor dem Häuptling	Reproduzierbare und stabile Prozesse, die langfristige Perspektiven ermöglichen	Effizienz, Rentabilität, Zielorientierung zur Erzielung von Gewinn und Wachstum	Gleichheit, Zugehörigkeit, Harmonie, Gerechtigkeit, Zusammenarbeit, Konsens, Befähigung	Vertrauen, freie Information, Entscheidungsbefugnis für jeden, Verantwortung gegenüber der Organisation, kontinuierliches Lernen, Gleichwertigkeit aller

Abb. 1.5: Level der Organisationsreife nach Laloux[5]

Wichtig für die Nutzung dieses Modells ist es, zu verstehen, dass ein großes Unternehmen nicht nur auf einer Stufe ist. Es sieht mehr aus wie ein Regenbogen. An verschiedenen Stellen und in verschiedenen Situationen gibt es viele Level gleichzeitig. Für die genaue Vorhersage einer Reaktion kann das Modell nicht herangezogen werden. Hilfreich ist hingegen, die Betrachtung darauf zu lenken, wo der Schwerpunkt einer Organisationskultur liegt. Dies hilft, den Ausgangspunkt der Entwicklung zu erkennen. SAFe® funktioniert auf vielen dieser Level. Besonders gut funktioniert es jedoch im Bereich Grün und Türkis. SAFe® kann die

5 Reinventing Organizations: Ein Leitfaden zur Gestaltung sinnstiftender Formen der Zusammenarbeit, Vahlen, 2015, Frederic Laloux

Reise der Kultur-Transformation einer Organisation entlang dieser Level begleiten. Je nach Ausgangslevel ist diese Reise unterschiedlich lang. Der Widerstand gegen die neuen Prozesse und Rollen kann je nach Level sehr unterschiedlich ausfallen. Diese Reise muss begleitet werden, dies ist eine Führungsaufgabe.

Anti-Pattern »Einfluss von Abnahmeprozessen«

Die Qualitätsabteilung eines großen Konzerns war zuständig für die Abnahme und Zertifizierung von Produkten, die aus Software und Hardware bestanden. Die Organisation war über stabile, langfristig ausgelegte Prozesse sichergestellt. Die Kultur dieser Abteilung kam in vielen Bereichen denen einer Armee-Organisation gleich. »Command and Control« war das zentrale Mindset. Die vielen kleinen Releases überforderten diese Abteilung und ihre Prozesse. Sie waren nicht integriert in die SAFe®-Prozesse. Die Qualität wurde nach wie vor erst am Ende des Prozesses sichergestellt. Dies führte zu vielen erst sehr spät entdeckten Problemen. Anstatt die Qualität früher in die Entwicklung zu integrieren, beschlossen die Qualitätsverantwortlichen, die Konzernrevision anzurufen. Die SAFe®-Prozesse sollten von der internen Revision CMMI-Audits unterzogen werden. Diese startete sogar ein aufwendiges Prüfverfahren. Die Ergebnisse dieser Prüfung machten den ohnehin schon komplizierten Prozess noch komplizierter. Die eigentliche Ursache der fehlenden Integration der Qualität in alle Prozesse wurde erst sehr viel später adressiert.

1.5 Kultur-Einflüsse auf die SAFe®-Einführung

Neben der Organisationskultur hat die Kultur des jeweiligen Landes einen Einfluss auf die Einführung von SAFe®. In Griechenland werden andere Herausforderungen zu erwarten sein als in Japan. SAFe® funktioniert grundsätzlich in allen Kulturen. Es sind jedoch unterschiedliche Herausforderungen in der Transformation zu erwarten. Der Ursprung von SAFe® liegt in den USA. Dort ist das Framework sehr erprobt und erfolgreich. Viele der sehr pragmatischen Prämissen von SAFe® sind von der Ursprungskultur beeinflusst. Je nachdem, in wie vielen Ländern man SAFe® einführt und welcher Ländermix in den Wertströmen zusammengeführt wird, sind andere kulturelle Einflüsse zu erwarten. Um diese Einflüsse im Vorfeld einschätzen zu können, hat sich ein Tool von Geert Hofstede bewährt. Seine Kulturdimensionen geben einen empirischen ersten Einblick über relative Phänomene in bestimmten Dimensionen.

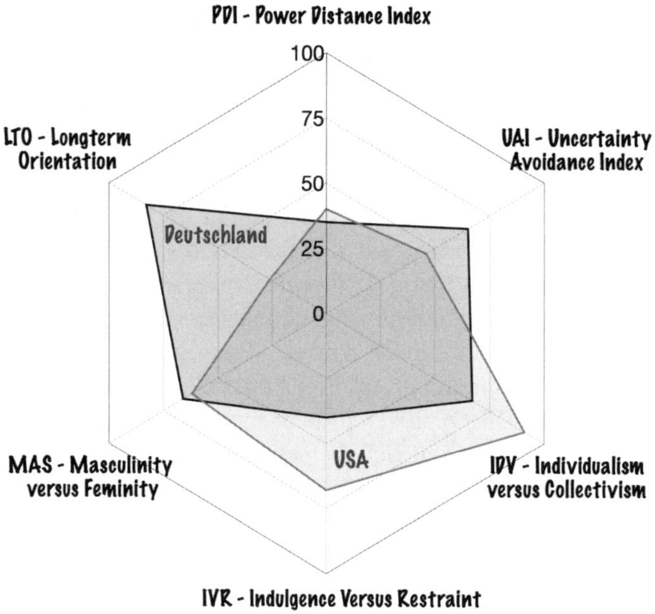

Abb. 1.6: Hofstede Kulturvergleich von Deutschland mit den USA[6]

PDI – Machtdistanz

Machtdistanz ist die erlebte hierarchische Höhe einer Führungskraft. Bei einer hohen Machtdistanz wird die Wahrscheinlichkeit, einer Führungskraft in der Sache zu widersprechen, immer kleiner.

UAI – Unsicherheitsvermeidung

Bei einer hohen Unsicherheitsvermeidung wird Unsicherheit sehr negativ erlebt und entsprechend konsequent vermieden.

IDV – Individualismus

Bei einem hohen Wert an Individualismus wird der Wert des Individuums und der persönlichen Entwicklung weit über den Wert des Kollektivs gestellt.

IVR – Nachsicht vs. Zurückhaltung

Diese Dimension beschreibt die Tendenz innerhalb einer Gesellschaft, die Befriedigung menschlicher Wünsche und Impulse zuzulassen, die mit Lebensfreude und Spaß zu tun haben.

---

6 https://geerthofstede.com/research-and-vsm/dimension-data-matrix/

MAS – Maskulinität vs. Feminität

Eine Gesellschaft, die hohe MAS-Werte aufweist, wird erwarten, dass Männer und Frauen sich unterschiedlich verhalten: Ein Mann sollte hart, entschlossen, tatkräftig und karriereorientiert sein.

LTO – Langfristige Orientierung

Eine Gesellschaft, die auf der LTO-WVS-Dimension hohe Werte aufweist, belohnt Sparsamkeit, harte Arbeit und das Streben nach dauerhaften Werten und Errungenschaften.

Lokale Kultureinflüsse

Bei einer Einführung von SAFe® in Deutschland und den USA wäre die gezeigte Abbildung 1.6 von Interesse. Beim Vergleich der Kultur von Deutschland und den USA fällt besonders ein Faktor auf. Es ist die Unsicherheitsvermeidung. Diese ist besonders in Konzernkulturen hierzulande oft sehr ausgeprägt. Das Verhalten vieler Mitarbeiter ist von dem Wunsch geprägt, alles richtig zu machen. Sie tendieren dazu, sich bei den Kollegen abzusichern, bevor sie etwas machen oder selbst entscheiden. SAFe® hat eine sehr gute Dokumentation und sehr viel Best Practice. Das ist für die Einführung sehr hilfreich. In der Summe sind die Informationen leider so umfangreich, dass man sie in der Anfangsphase selten vollständig überblicken kann. Dies erzeugt bei vielen in Deutschland Unsicherheit. Aus diesem Grund hat es sich bewährt, nicht nur die Schulungen aller Teams durchzuführen, sondern die Trainer auch als Coaches für die Praxis einzusetzen. Auf diese Weise kann die Unsicherheit überbrückt werden. Die neuen Verhaltensweisen werden begleitet eingeführt. Das Loslassen von dem, was über Jahre erfolgreich war, ist ein großer Schritt für die Einführung. Er braucht hierzulande viel Ermutigung, Bestärkung und Wertschätzung. Dieser Anteil ist in der SAFe® Implementation Roadmap nicht so hoch priorisiert, wie er in der Praxis oft notwendig ist.

Die zweite wichtige kulturelle Differenz ist die stärker ausgeprägte Langzeitorientierung. Die klare Vision und das Vertrauen in die Führung können diese unausgesprochene Erwartung der Mitarbeiter erfüllen. Dies wird im Folgekapitel detaillierter beschrieben.

Für international agierende Konzerne können die von Hofstede entwickelten vergleichenden Dimensionen noch deutlich mehr Einsichten für die Transformation ergeben. Ähnlich wie schon bei dem Modell von Laloux muss jedoch angemerkt werden, es ist nur ein Modell. Es kann bei der Vorbereitung helfen, bildet aber nie die Wirklichkeit von einzelnen Individuen ab.

1.6 Management Commitment und Vision

Für die Einführung von SAFe® wird eine Vision benötigt. Dies sollte nicht ein Change unter vielen sein, die mit einer allgemeinen Bekanntmachung an das Unternehmen verkündet werden. Dies hätte zur Folge, dass es bei den Mitarbeitern auch entsprechend wenig Beachtung findet. Die Vision benötigt zwei Teile. Der erste Teil betrifft die Produkte der Organisation.

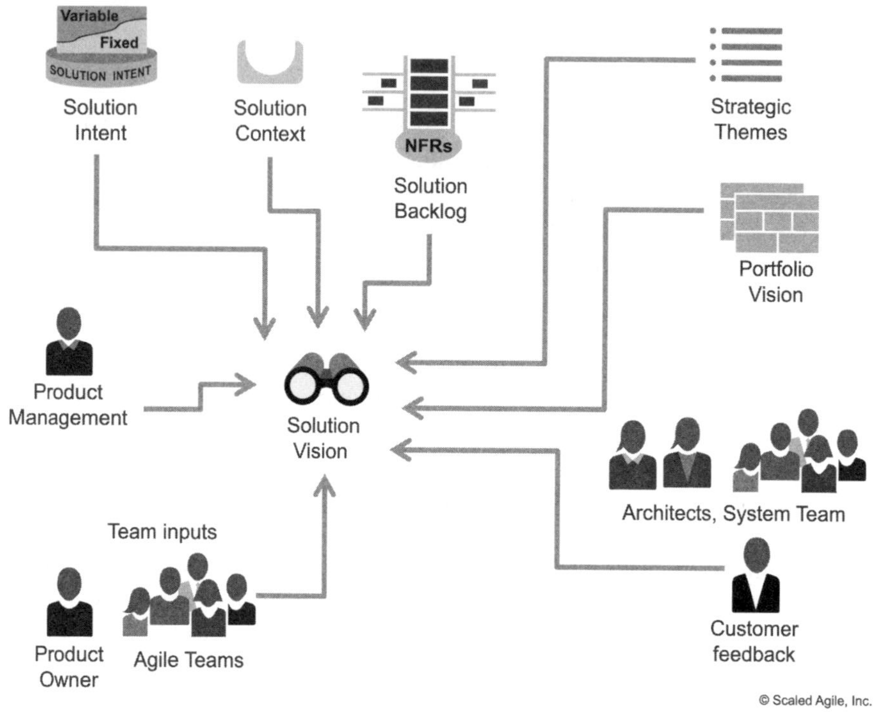

Abb. 1.7: Produktvision in SAFe®[7]

Der Produktvision kommt eine zentrale Funktion in der Steuerung der Ausrichtung der Entwicklung zu. Sehr viele Rollen in den Teams richten sich auf sie aus. Besonders für das Portfolio hat es eine große Bedeutung. Diese Vision wird nicht einmal erstellt und dann für Jahre umgesetzt, wie es in der Vergangenheit oft der Fall war. Sie wird ständig hinterfragt und aktualisiert. Der Kunde gibt Feedback, der Markt verändert sich, neue Technologien eröffnen neue Möglichkeiten. Solche Veränderungen führen über Business Agility zu einer kontinuierlichen Anpassung der Produktvision. Für die Einführung von SAFe® braucht es eine erste Produktvision als Startpunkt des Strategieprozesses.

7 `https://scaledagileframework.com/wp-content/uploads/2023/02/Vision_F02.svg`

Neben der Produktvision benötigt es eine Vision für die Einführung von SAFe®:

- Weshalb wird SAFe® eingeführt?
- Was soll mit SAFe® besser werden?
- Woran erkennen wir, dass es besser ist?
- Wie kann SAFe® dabei helfen?

Diese Vision ist mehr eine Vision der Zusammenarbeit innerhalb der Organisation.

- In welche Richtung soll sich die Organisationskultur entwickeln?
- Wohin entwickelt sich Führung im Unternehmen?
- Welche Werte der Organisation sollen gestärkt werden?
- Was sind die Möglichkeiten, die sich für die Mitarbeiter ergeben?

Diese Art von Organisations-Vision richtet die Einführung von SAFe® aus. Sie ist langfristig angelegt und zeigt eine neue Perspektive auf. Mit SAFe® 6.0 sind OKRs[8] integriert worden. Diese geben eine gute Möglichkeit, diese Vision mit den erreichten Ergebnissen zu verbinden und zu verfolgen.

Neben der Vision wird für die SAFe®-Einführung Management Commitment benötigt. Dieses Commitment lässt sich auf viele verschiedene Weisen erzeugen. Wichtig ist die initiale Auseinandersetzung des Managements mit SAFe® und der veränderten Form der Führung. Dies ist die Grundlage dafür, dass das Management die Führungsmodelle aus SAFe® übernehmen und verwirklichen kann. Während der Einführung ist davon auszugehen, dass es an vielen Stellen immer wieder Entscheidungen und Abstimmungen benötigt. Auch hier ist es hilfreich, die SAFe®-Prozesse zu kennen, um passende Entscheidungen vom Management unterstützen zu können. Manchmal lässt sich Commitment sehr einfach durch reine Anwesenheit symbolisch erzeugen. Ein Vorstand, der an einem PI Planning teilnimmt und sich die präsentierten Pläne der Teams ansieht, zeigt auf diese Weise sein Commitment für die neue Arbeitsweise. Solche Aktionen lösen bei den Teams sehr positive Reaktionen und Wertschätzung aus.

Anti-Pattern »Organisationsziele«

Ein RTE fragte beim LACE-Team nach, was genau die Ziele für die SAFe®-Einführung seien. Was die Organisation mit SAFe® erreichen will? Diese Information war ihm für das Aufsetzen des ARTs und die Vorbereitung des ersten PI Plannings wichtig, um sie an seine Teams weiterzugeben. Die Antwort des LACE war: »Keine Ahnung, da gibt es doch sicher irgendwelche Benefits bei SAFe®

8 https://scaledagileframework.com/okrs/

selbst.« Gemeint waren die auf der SAFe® Implementation Roadmap dargestellten möglichen Benefits.

»Business Ergebnisse:

30–75% schnellere Time-to-Market

25–75% bessere Qualität

20–50% erhöhte Produktivität

10–50% mehr Engagement der Mitarbeiter«

Dies war so vage, allgemein und wenig motivierend, dass der RTE es erst gar nicht zeigte. Die Frage der Mitarbeiter, wozu SAFe® eingeführt wurde, konnte nur allgemein beantwortet werden und gab entsprechend wenig Ausrichtung für die Teams.

1.7 OKRs für die SAFe®-Einführung

Die konkreten Organisationsziele leiten sich aus der jeweiligen Vision ab. Sie sind bereits deutlich greifbarer als die Vision selbst. Sie sind allerdings noch nicht so konkret, dass man sie direkt messen könnte. Messbar und SMART (spezifisch, messbar, attraktiv, realistisch und terminiert) sind erst die Ergebnisse oder Key Results. Die Key Results lassen sich in ihrer Umsetzung messen. Auf diese Weise kann auch die Zielerreichung indirekt gemessen werden.

Objective	Key Results
Improve time to market	Reduce approval time for new portfolio level initiatives by 30%
	Increase major update release schedule from 2 times a year to 4 times a year
	Retire all non-supported solutions within the next 12 months
	Reduce time to market for new solutions by 6 months

Abb. 1.8: Beispiel für ORKs für die Einführung von SAFe®[9]

9 https://scaledagileframework.com/wp-content/uploads/2022/10/OKRs_F10-1.svg

Diese OKRs sind für die SAFe®-Einführung von großem Wert. Mithilfe der OKRs lassen sich diese Themen gegeneinander priorisieren. Das LACE[10] übernimmt in der Regel die Verantwortung und die Messung dieser OKRs der SAFe®-Einführung.

10 https://scaledagileframework.com/LACE/

Kapitel 2

Die Steuerung der Transformation

Die Einführung von SAFe® folgt den SAFe®-Prinzipien und SAFe®-Werten. Sie wird mit Lean-Agile-Tools durchgeführt. Es gibt ein Team, das für die Einführung von SAFe® verantwortlich ist. Das ist das LACE-Team (Lean-Agile Center of Excellence). Dieses Team steuert alle operativen Aufgaben der Transformation. Für Transparenz bei der Durchführung sorgt ein Kanban-Board, das sogenannte Transformation-Backlog. Hier wird der Status aller Aufgaben festgehalten und im Backlog stehen die nächsten Themen. Das Team trifft sich regelmäßig vor dem Board und aktualisiert es.

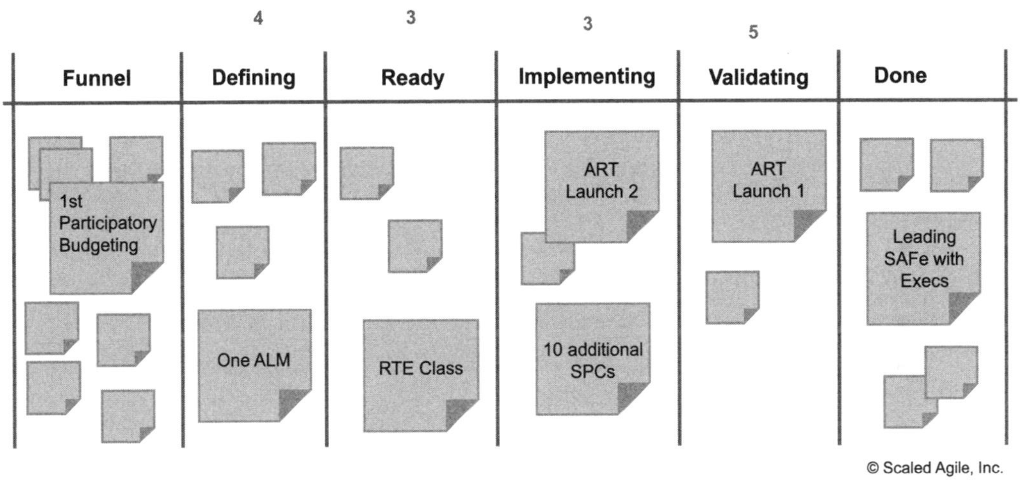

Abb. 2.1: Das LACE-Transformation-Backlog[1]

Alle Themen, die für die Transformation relevant sind, werden hier verfolgt und gesteuert. Diese Themen können sein:

- SAFe®-Schulungen zur Ausbildung der Teams
- Vorbereitungen zum Start von neuen ARTs oder Solution Trains
- Einführung des Portfolios und der Budgetprozesse

1 https://scaledagileframework.com/wp-content/uploads/2022/12/Create_LACE_F04.svg

- Workshops und Vorbereitungen
- Rechtliche Klärungen
- HR-Themen
- Wichtige Management-Entscheidungen
- Und vieles mehr, was für die Transformation relevant ist

Nicht alle Themen müssen vom LACE selbst bearbeitet werden. Zum Beispiel würde die HR-Klärung die HR-Abteilung vornehmen. Ein Teammitglied des LACE-Teams wird einen Task und damit die Kommunikation mit HR verantworten.

Das Kanban-Board hat einen zugrunde liegenden Workflow und Work in Progress Limits. Diese Limits sind die Zahlen über den Spalten. Sie begrenzen die Anzahl der Items, das sind hier die Zettel in den Spalten. Die Work in Progress Limits werden an die Kapazität des Teams angepasst. Sie haben das Ziel, den Durchfluss der Arbeit zu steuern. Die Themen, die angegangen werden, sollen vom Team möglichst schnell abgearbeitet und damit gelöst werden können. Es soll nur so viel Arbeit begonnen werden, wie das Team auch wirklich erledigen kann. Der vorgeschlagene Workflow für das Board ist der folgende:

- Funnel (Trichter): Hier warten die Themen im Backlog darauf, bearbeitet zu werden.
- Definieren (bestimmen, abgrenzen): In diesem Schritt werden die Aufgaben spezifiziert. Dabei werden auch die Akzeptanzkriterien für die spätere Prüfung festgelegt.
- Ready (bereit): Die spezifizierten Aufgaben warten hier darauf, dass sie umgesetzt werden.
- Implementierung (Umsetzung): Diese Aufgaben sind in Arbeit.
- Validating (Prüfung): Hier wird überprüft, ob die Maßnahmen auch die gewünschte Wirkung erzielt haben.
- Done (fertig): Die Aufgaben sind erfolgreich umgesetzt.

Vor dem LACE-Transformation-Backlog findet regelmäßig ein TeamSync-Meeting statt. Hier wird kurz der Fortschritt berichtet und der Status der Aufgaben wird aktualisiert. Bei diesem Meeting sind durchaus Gäste aus dem Management willkommen, die sich selbst ein klares Bild von der Transformation machen möchten oder Unterstützung anbieten können.

Anti-Pattern »Einführung von SAFe®«

Zur Beschleunigung der Transformation hatte ein Konzern beschlossen, dass alle Teams gleichzeitig SAFe® einführen. Diese Einführung wurde von der Linienorganisation mithilfe von vielen externen Beratern durchgeführt. Das LACE bekam eine moderierende Funktion zugeschrieben. Der Status und die Qualität der Implementierungen wurden nirgendwo zentral festgehalten. Viele der Abteilungen veränderten SAFe® für die Einführung sehr deutlich. Die bestehenden Rollen der Mitarbeiter wurden in SAFe® übernommen. Während der Einführung gab es viele operative Herausforderungen und Konflikte, die alle an das LACE übergeben wurden. Entscheidungen durfte das LACE aber nicht treffen. Die Linienhierarchie konnte das LACE immer wieder überstimmen. Viele Teams machten sehr interessante Erfahrungen und alle waren nach Kräften bemüht, das System umzusetzen. Es war jedoch so heterogen implementiert, dass es an sehr vielen Stellen immer wieder persönliche Abstimmungsrunden brauchte, die alle Prozesse verlangsamten und die Zeit der Mitarbeiter unnötig verbrauchte. Im LACE mussten immer wieder die Mitarbeiter ausgetauscht werden und nach einem Jahr wurde es ganz abgeschafft. Auch der Versuch, nachträglich einen Standard zu implementieren, scheiterte.

2.1 Ausbildung von Change Agents (SPC)

Die Change Agents in SAFe® heißen SPC (SAFe® Practice Consultant). Sie sind ausgebildet, SAFe® in Organisationen einzuführen. Die Ausbildung zum SPC erfolgt durch die Implementing-SAFe®-Ausbildung. Diese ist wie alle SAFe®-Schulungen standardisiert und schließt mit einer Prüfung für ein entsprechendes Zertifikat ab. Die Ausbilder für die SPCs sind besonders ausgewählte und ausgebildete Trainer.

Der Verantwortungsbereich des SPCs beginnt mit »Leading the Change«. Der Change innerhalb von SAFe® wird entlang der SAFe® Implementation Roadmap gestaltet. Hinter dieser Roadmap steht der Change-Ansatz von John Kotter.

1. Schaffen Sie ein Gefühl der Dringlichkeit.
2. Bauen Sie die Führungskoalition auf.
3. Entwickeln Sie eine Veränderungsvision und -strategie.
4. Kommunizieren Sie, um Verständnis und Zustimmung zu erreichen.
5. Befähigen Sie andere zum Handeln.
6. Erzielen Sie kurzfristige Erfolge.
7. Lassen Sie nicht nach.
8. Verankern Sie die Veränderung.

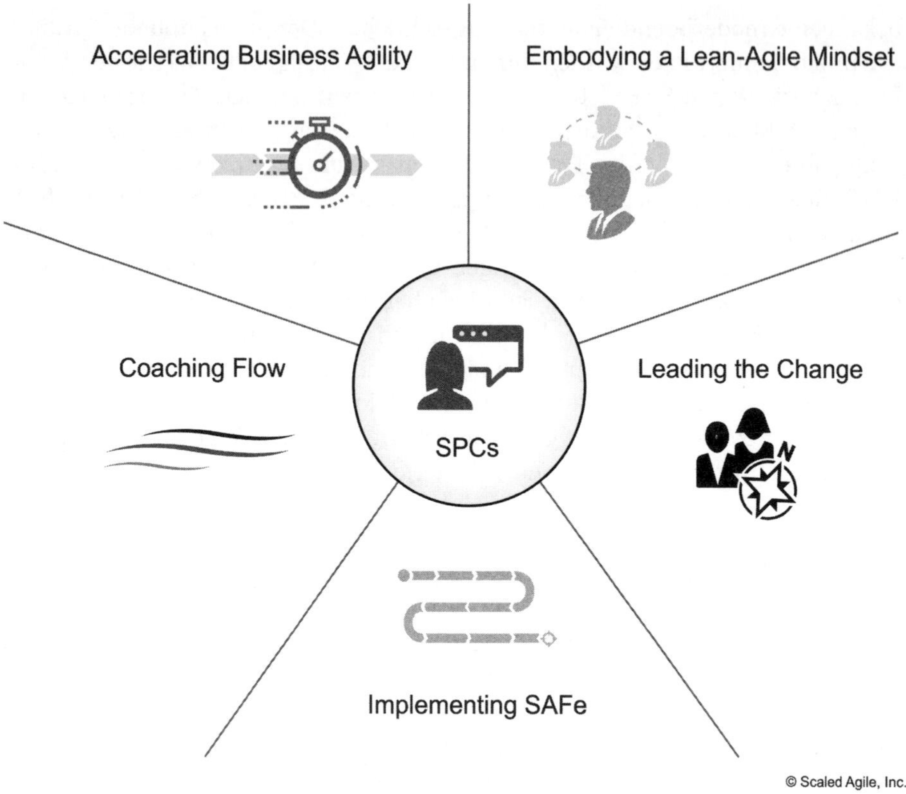

Abb. 2.2: Verantwortung der Change Agents[2]

Besonders an den Punkten 2, 3 und 4 wird deutlich, dass es nicht reicht, wenn einfache Mitarbeiter alleine für die Veränderung stehen. Es braucht ein sehr deutliches Management-Commitment zur Unterstützung und Kommunikation der Veränderung. Das LACE-Team selbst sollte jedoch nicht mit den Führungskräften besetzt werden. Die Rolle des SPCs im LACE-Team ist ein Vollzeitjob.

Der SPC ist ein Coach. Er coacht die Organisation zu einem besseren Flow der Arbeitsergebnisse der Organisation. Dazu ist es notwendig, die Arbeit in der Organisation sichtbar zu machen und sie entlang des Wertstroms zu organisieren. Die wesentlichen Prinzipien hierzu stammen vom Toyota-Produktionssystem Kanban.

Neben dem operativen Flow der Arbeitsergebnisse ist er auch auf der Portfolio-Ebene aktiv. Dort coacht er die Organisation zu mehr Business Agility. Diese kann entstehen, wenn der Flow auf der operativen Ebene gut etabliert ist und über die Kundenorientierung ein Feedback zu den Ergebnissen kommt. Durch die systematische Nutzung dieses Feedbacks entsteht die Business Agility.

2 https://scaledagileframework.com/wp-content/uploads/2022/12/SPC_F01-1.svg

Der SPC selbst geht mit gutem Beispiel voran, was das Lean-Agile Mindset angeht. Dies betrifft besonders das Growth Mindset. Er geht immer wieder neue Herausforderungen als Lernchancen an und lässt sich nicht von negativen Rückmeldungen entmutigen. Durch das kontinuierliche Annehmen von neuen Herausforderungen wächst der SPC mit seiner Aufgabe. Er lernt innerhalb der Ausübung seiner Tätigkeit sehr viel. Für den Start eines LACE-Teams ist es deshalb besonders hilfreich, nicht nur frisch zertifizierte SPCs, sondern auch erfahrene SPCs mit einigen Jahren Erfahrung in dieser Rolle zu haben. Eine gute Mischung von Kompetenzen und Erfahrung ist hilfreich. Einige Kompetenzen, die zusätzlich im LACE hilfreich sein können, sind:

- Systemische Organisationsentwicklung – dies gibt einen anderen Blick in der Transformation auf die verschiedenen Herausforderungen und Positionen.
- Systemisches Coaching – erweitert die Fähigkeiten im Coaching und im Führen mit Fragen.
- Mediation und Konfliktklärung – in Brennpunkten wird immer wieder diese Kompetenz benötigt.
- Agile Coaching – Agilität einführen und entwickeln
- Kanban Consultant – Kanban einführen
- Leadership Trainer – Management-Schulungen und Workshops durchführen

2.2 SAFe® Implementation Roadmap

Die SAFe® Implementation Roadmap ist der Fahrplan für die SAFe®-Einführung. Er gibt die Richtung für das Aufsetzen von SAFe® wieder. In diesem Ablauf werden viele Rollen geschult und ganze Teams zusammengestellt und als ART zusammengeführt.

1. GoSAFe®

Dies ist der Start für die Einführung von SAFe®. Damit das Management versteht, was genau SAFe® ist und wie es funktioniert, gibt es einen Workshop, in dem die Gründe für die SAFe®-Einführung erarbeitet werden. Darüber hinaus wird mit der Grundlagenschulung – Leading SAFe® – ein breites Verständnis in der Führung für SAFe® aufgebaut. Der Fokus zu diesem frühen Zeitpunkt ist das Top-Management. Die verwendeten Standards sind:

- Leading SAFe®
- SAFe® Executive workshop

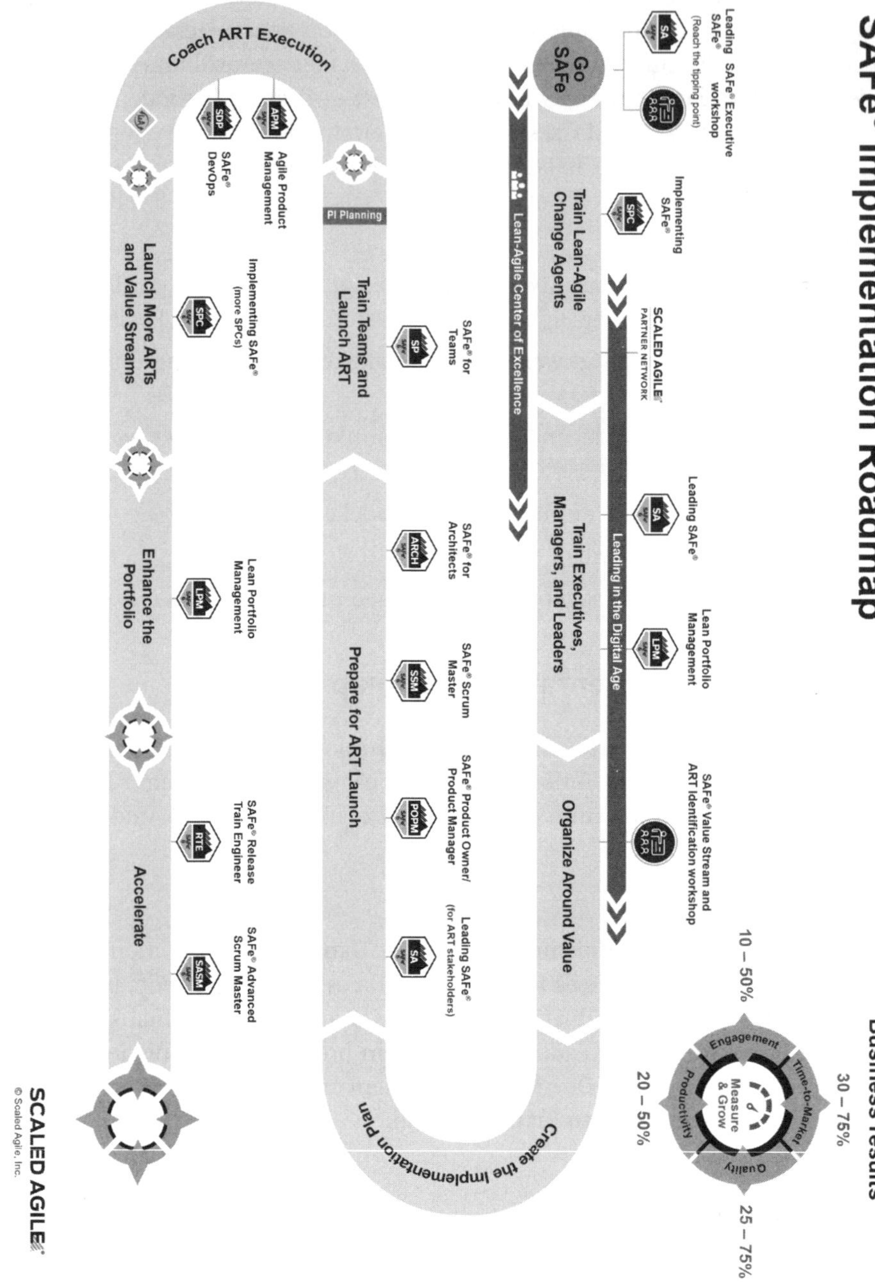

Abb. 2.3: SAFe® Implementation Roadmap[3]

2. Train Lean-Agile Change Agents

Hier wird das Lean Center of Excellence aufgebaut. Dazu werden die Change Agents ausgewählt und geschult. Die Schulung hierzu ist:

- Implementing SAFe®

3. Train Executives, Managers, and Leaders – Leading in the Digital Age

Hier wird eine breite Koalition im Management für die Einführung von SAFe® etabliert. Es werden weitere Hierarchiestufen mit einbezogen. Neben den Grundlagen wird auch schon begonnen, Verständnis für das Portfolio aufzubauen. Dieses wird erst deutlich später gestartet. Das Verständnis im Management wird früh aufgebaut, um die strategischen Prozesse und Zusammenhänge schon frühzeitig zu vermitteln.

- Leading SAFe®
- Lean Portfolio Management

4. Organize Around Value

Hier wird mit einem Standard-Workshop der Wertstrom des Unternehmens aufgenommen. Das Ergebnis dieses Workshops ist grundlegend für die Gestaltung der Struktur der agilen Teams. Für diesen Workshop braucht es Teilnehmer, die schon ein Grundverständnis für SAFe® haben.

- SAFe® Value Stream and ART Identification workshop

5. Create the Implementation Plan

Entsprechend den Wertströmen des Unternehmens werden die ARTs ausgerichtet. Aus der strategischen Relevanz wird die Reihenfolge der ART-Launches abgeleitet und ein Backlog für das Aufsetzen der ARTs aufgebaut. Das LACE übernimmt die Umsetzung der Implementierung.

6. Prepare for ART Launch

Dieser Schritt wird von jedem ART durchgeführt. Hier geht es darum, die Rollen auf ART-Ebene auf ihre Aufgabe vorzubereiten. Diese Rollen werden vor den Teams geschult, weil sie vor dem Start des ARTs noch das Backlog erzeugen müssen. Hierzu werden die Produktmanager und die Architekten benötigt.

- Leading SAFe® (for ART stakeholders)
- SAFe® Product Owner/ Product Manager
- SAFe® Scrum Master
- SAFe® for Architects

3 https://scaledagileframework.com/make-value-flow-without-interruptions/

7. Train Teams and Launch ART

Das Team wird gemeinsam in der Woche vor dem ersten PI Planning geschult. In dieser Schulung sind bereits Elemente für das Teambuilding enthalten. Die Teams und die Anforderungen, mit denen in diesem Training gearbeitet wird, sind Bestandteile des PI Plannings.

- SAFe® for Teams

8. Coach the ART Execution

Nach dem Start des Trainings werden noch weitere Schulungen für das professionelle Management von Produkten und einer DevOps-Kultur angeboten. Diese Inhalte sind für den Start der ARTs noch nicht erforderlich. Sie sind jedoch für die zukünftige Ausrichtung der Produkte und der Infrastruktur von entscheidender Bedeutung.

- Agile Product Management
- SAFe® DevOps

9. Launch More ARTs and Value Streams

Der Schritt 8 wird wiederholt und weitere Trainer und Coaches werden ausgebildet.

- Implementing SAFe® (more SPCs)

10. Enhance the Portfolio

Nachdem die ARTs und optional auch Solution Trains gestartet sind, werden die Portfolios aufgesetzt. Die Portfolios versorgen die ARTs mit strategischen Aufträgen und mit Budget.

- Lean Portfolio Management

11. Accelerate

Diese Phase ist die umfangreichste Phase. Nachdem die Prozesse alle eingeführt sind, müssen sie verbessert und beschleunigt werden. Diese Phase endet streng genommen nie. Die Ausbildung weiterer Coaches für Teams und ARTs wird hier benötigt.

- SAFe® Release Train Engineer
- SAFe® Advanced Scrum Master

Dieser Ablauf hat sich in der Praxis bei vielen Unternehmen bewährt. Er gibt dem Unternehmen Sicherheit darin, wie es die neue Arbeitsweise erlernen kann. Für das LACE, das die Implementierung steuert, ist es der Arbeitsauftrag für die Umsetzung. Sozusagen das Drehbuch für den Film. Das Management von Schulungen und die Identifikation von Rollen und Teams ist der operative Teil der Umsetzung.

Anti-Pattern »Identifikation von Wertströmen«

Ein Großkonzern hatte den Schritt zur Identifikation der Wertströme ausgelassen. Diese sollten auf Bereichsebene erhoben werden. Der Schritt wurde dezentral delegiert. Das führte dazu, dass einzelne Bereiche schon ihre Wertströme erhoben hatten und sich in der Umsetzung befanden. Andere hatten noch nicht einmal Wertströme gestartet. Ausgelöst durch die große Unsicherheit in den Wertströmen und deren Implementierung, wählten viele Bereiche die Lösung, die ARTs entlang der Grenzen von technischen Systemen zu schneiden. Das half für die Umsetzung, weil die technischen Experten für die Systeme leicht zu identifizieren waren. Es behinderte jedoch den Flow der Anforderungen, weil funktionale Anforderungen immer über mehrere Systeme und damit ARTs hinweg umgesetzt werden müssen. Zum Teil waren die ARTs, die gemeinsam arbeiteten, nicht einmal in denselben Solution Trains. Sie mussten die Anforderungen in der Folge bilateral abstimmen. Dadurch, dass es sehr viele solcher Schnittstellen gab, stieg der Aufwand der Abstimmung und die Qualität von Vorhersagen sank. Die gemeinsame Geschwindigkeit und die Vorhersagbarkeit von Umsetzungen wurden mit der Dauer immer schlechter. Als das Management mehr Druck aufbaute, bestimmte strategische Themen zu den geplanten Zeiten zu liefern, wurde auch noch der kooperative Abstimmungsprozess immer schwieriger. Die Stimmung wurde schlechter und der Ton der Abstimmungen eskalierte an vielen Stellen. Konflikte entstanden und bremsten gemeinsam getragene Lösungen noch mehr aus.

2.3 Das LACE-Team

Die Rolle LACE-Team hat die folgenden Verantwortungsbereiche. Es ist in SAFe® durchaus üblich, dass auch Teams Rollen haben können und damit eine gemeinsame Verantwortung. Diese weicht in diesem Fall sogar von der Einzelperson in der SPC-Rolle ab. Sie wird im Team größer gefasst.

Das LACE hat die Verantwortung, die Transformation zu unterstützen. Die ganze Transformation zu verantworten, wäre unrealistisch für ein Team ohne direkte hierarchische Funktion. Für die komplette Transformation benötigt es sehr viel Management-Commitment und Unterstützung. Die Transformation wird nach dem Change-Ansatz von Josef Kotter geführt. Es wird über die Vision eine Führungskoalition aufgebaut. Diese Koalition hat die Kraft, den Change umzusetzen.

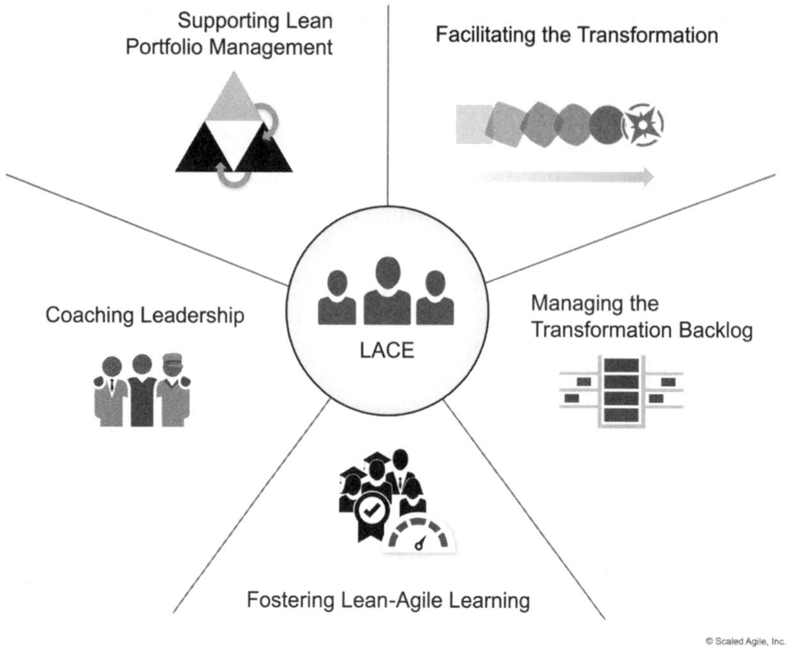

Abb. 2.4: Verantwortung des LACE-Teams[4]

Das Transformation Backlog Managing ist im ersten Unterkapitel dieses Kapitels beschrieben. Das Team schafft auf diese Weise Transparenz und sorgt über die Work in Progress Limits dafür, dass die Organisation in ihren Kapazitäten nicht überlastet wird.

Die Unterstützung des Lean Portfolios beginnt nicht erst, wenn das erste Portfolio tatsächlich vorhanden ist. Es beginnt schon deutlich früher, wenn die Portfolios geplant und Schulungen für die Mitglieder des Portfolios benötigt werden. Das LACE-Team besteht aus SAFe®-Experten und steht immer wieder für Fragestellungen, wie bestimmte Dinge korrekt zu implementieren oder zu verbessern sind, zur Verfügung.

Der Auftrag, die Führung zu coachen, bezieht sich auf die Umsetzung von Lean-Agile Leadership. Dieses Führungskonzept und seine Prinzipien unterscheiden sich sehr stark von einem klassischen Command-and-Control-Ansatz. Die Prinzipien wirklich zu nutzen und zu leben, braucht viel Übung und Unterstützung.

Das Lernen in Bezug auf Lean-Agile zu fördern, ist ein Coachingauftrag an alle SAFe®-Teams. Innerhalb von SAFe® gibt es viele Möglichkeiten zum Lernen. Dies können Inspect und Adapt Meetings, Retrospektiven oder Communities of

4 https://scaledagileframework.com/wp-content/uploads/2022/12/Create_LACE_F02-1.svg

Practice sein. Das LACE-Team hat die Verantwortung dafür, dass alle Formate vorhanden sind und dass sie richtig verstanden und genutzt werden.

Das LACE-Team kann unterschiedlich strukturiert sein. Je nach Größe des Unternehmens sind andere Strukturen sinnvoll. In kleineren oder mittelgroßen Unternehmen reicht ein LACE-Team.

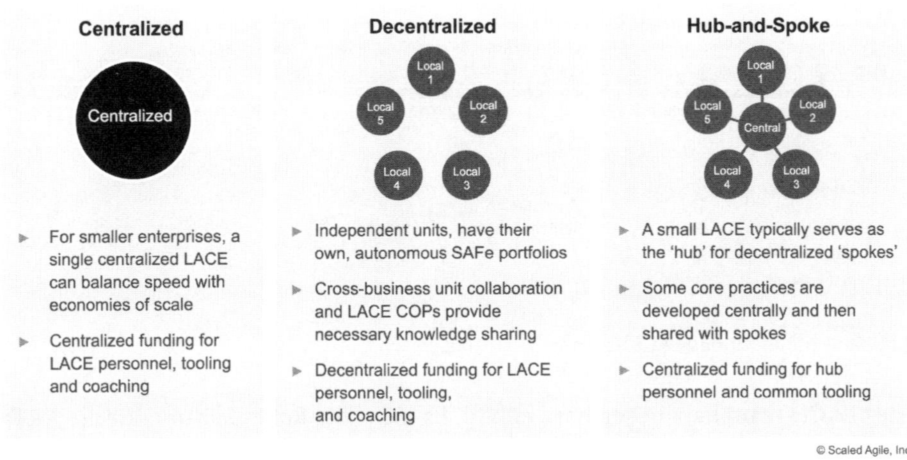

Abb. 2.5: Struktur des LACE-Teams[5]

In größeren Unternehmen mit unabhängigen Einheiten und Portfolios bietet sich das Zielbild des dezentralen LACE an. Hier ist eine Abstimmung unter den LACE-Teams notwendig, damit die Prozesse nicht zu sehr auseinanderlaufen. In dem dritten Modell »Speichen und Nabe« gibt es ein zentrales LACE für die grundlegenden Prozesse und Fragen. Hier wird das Budget für die Hubs und die gemeinsamen Werkzeuge beschlossen. In den Hubs werden die Einheiten mit ihren Portfolios unterstützt. Auch hier benötigt es eine Abstimmung über die geteilte Verantwortung und eine gemeinsame Abstimmung. Darüber hinaus benötigen die letzten beiden Modelle noch eine Roadmap, wie sie aufgesetzt werden. Am Anfang einer SAFe®-Einführung sollte es immer nur ein zentrales LACE geben, das dann zu bestimmten Zeitpunkten geteilt und erweitert wird. Für das Aufsetzen eines LACE-Teams gibt es ein SAFe®-Template und Tools, die im SPC-Training geschult werden.

Für die Klärung der Aufgaben der LACE-Teams wird ein Leitbild entwickelt. Abbildung 2.6 ist ein Beispiel für das Leitbild eines LACE-Teams. Die Tabelle ist Teil der SAFe®-Templates für das Setup.

5 `https://scaledagileframework.com/wp-content/uploads/2022/12/Create_LACE_F01-2.svg`

Lean-Agile Center of Excellence Mission Statement (example)	
For	EMV Productions, Inc.
who	Produces automated guided vehicles and amusement park rides
the	EMV Lean-Agile Center of Excellence
Is a	Full-time, cross-functional, Lean-Agile change management team
that	Is driving the transformation of our Enterprise to a Lean-Agile way of working using the Scaled Agile Framework
unlike	Our traditional ad-hoc transformation efforts
we	Provide practitioners and the committed leadership the training, process, technology, tooling, culture, and governance changes needed to achieve the business benefits of a Lean-Agile way of working

In Scope	Out of Scope	Success Criteria
Communication Leadership and team training and coaching	Organizational structure changes	**Adoption:** % trained, # of ARTs launched **Assessment:** Business Agility assessments
ART launches and coaching Agile tooling	Outsourcing strategy changes	**Outcome:** % improvement in predictability, % decrease in time-to-market, % increase in Customer satisfaction, % improvement in employee engagement
Consultant/supplier coaching and training management	…	

Abb. 2.6: Leitbild für das LACE-Team[6]

Jedes LACE-Team hat ein solches Leitbild. Es dient zur Rollenklärung für die ARTs und Portfolios, die von dem LACE unterstützt werden. Es klärt den Scope des Teams und die Erfolgskriterien.

Anti-Pattern »LACE-Teams«

Durch den Zeitdruck in der Transformation baute ein Unternehmen mehrere LACE-Teams in der Organisation gleichzeitig auf. Diese Teams sollten dann später über ein gemeinsames zentrales LACE synchronisiert werden. Alle dezentralen LACE-Teams nahmen Anpassungen für ihre Implementierung in ihrem jeweiligen organisatorischen Bereich vor. Diese Anpassungen waren lokal betrachtet sinnvoll, nur in der Summe waren sie zum Teil widersprüchlich. Dies betraf auch die Wertströme. Damit erschwerten sich sowohl das gemeinsame Arbeiten als auch die spätere Abstimmung der LACEs untereinander. Die Bereiche selbst nahmen nur wenige Veränderungen an, die vom zentralen LACE beschlossen wurden. Sie kommunizierten nur mit ihrem eigenen LACE. Die Folge war, dass die Unterschiede zwischen der Implementierung und lokaler Optimierungen und Prozesse immer größer wurden.

6 https://scaledagileframework.com/wp-content/uploads/2022/12/Create_LACE_F03.svg

2.4 Die Transformation führen

Es gibt viele Change-Ansätze und Change-Modelle. In den USA ist das Modell von Josef Kotter[7] am weitesten verbreitet. Für große und umfassende Veränderungen von Organisationen ist dieses Modell sehr naheliegend, weil es auf eine kritische Masse von Unterstützern abzielt. Es gibt im europäischen Raum andere Change-Modelle, die mehr auf Ideen der Betroffenen eingehen und auf einen co-kreativen Austausch für die Transformation setzen. Von diesen Modellen für die Einführung von SAFe® ist abzuraten. Es gibt am Anfang keinen Spielraum für die Anpassung des SAFe®-Modells. Für die erfolgreiche Einführung von SAFe® muss erst einmal die neue Arbeitsweise gelernt werden. Erst wenn diese neue Arbeitsweise gelernt und verinnerlicht ist, können die Betroffenen ihre Ideen in das Modell einbringen. Das von den asiatischen Kampfkünsten abgeleitete ShuHaRi-Modell[8] beschreibt dieses Vorgehen sehr anschaulich. Erst wird eine Bewegung vom Schüler nachvollzogen (Shu). Dann wird sie immer wieder nachvollzogen und damit verinnerlicht (Ha). Erst wenn die Bewegung verinnerlicht ist, wird sie kreativ genutzt. Jetzt ist die Meisterschaft (Ri) erreicht. [9]

Hier die Stufen des Kotter-Modells im Einzelnen.

1. Schaffen Sie ein Gefühl der Dringlichkeit – Diese Dringlichkeit ist notwendig, damit jeder Einzelne den Sinn der Veränderung versteht. Der Beginn einer grundlegenden Veränderung ist das gemeinsame Gefühl der Dringlichkeit. Ein Grund kann zum Beispiel sein: »Wir befinden uns auf einer brennenden Plattform. Der ganze Markt ist im Umbruch. Wenn wir nicht aufpassen, existieren wir in fünf Jahren nicht mehr.«
2. Bauen Sie die Führungskoalition auf – Die Führungskoalition beginnt mit dem Top-Management. Hier wird die GoSAFe®-Entscheidung getroffen. Das würde aber noch lange nicht ausreichen. Wenn das Middle-Management nicht mit im Boot ist, scheitert die Transformation. Es ist wichtig, eine breite Führungskoalition aufzubauen.
3. Entwickeln Sie die Veränderungsvision und -strategie – Die Vision zeigt den Weg in eine bessere Zukunft. Sie ist der Nordstern, an dem sich die Transformation ausrichtet. Diese Vision muss die Menschen nicht nur intellektuell erreichen, sondern auch ihre Herzen.
4. Kommunizieren Sie, um Verständnis und Zustimmung zu erreichen – Im Kotter-Originaltext ist in diesem Punkt von einer Armee von Unterstützern die Rede. Das führt im deutschen Sprachgebrauch eher zu Missverständnissen und

7 `https://www.kotterinc.com/methodology/8-steps/`
8 `http://www.think-pi.de/Shu-Ha-Ri`
9 Coaching Agile Teams, Addison Wesley, 2010 von Lyssa Adkins

negativen Bildern. Der Schlüssel, um die Transformation zu steuern, ist Kommunikation.

5. Befähigen Sie andere zum Handeln – Für die Umsetzung braucht es viele Hände. Sie alle werden geschult und gecoacht und sie werden damit Teil der Veränderung.
6. Erzielen Sie kurzfristige Erfolge – Die kurzfristigen Erfolge sind wichtig, um die Energie für die Transformation hochzuhalten. Diese Erfolge bestärken, dass der Weg der Richtige ist und dass sich der Aufwand lohnt.
7. Lassen Sie nicht nach – Die Veränderung braucht viele kleine Schritte und einen langen Atem, um durchzuhalten.
8. Verankern Sie die Veränderung – Hier ist es wichtig, noch einmal den Zusammenhang zwischen den neuen Verhaltens- und Denkmustern und dem daraus resultierenden Unternehmenserfolg zu kommunizieren. Nur so kann die Energie für die Transformation hochgehalten werden.

Die größte Herausforderung für die Einführung von skalierter agiler Arbeitsweise ist, dass es ein in sich integriertes Zusammenspiel von vielen kleinen Elementen und Prinzipien ist. Der Sinn von vielen Dingen ergibt sich erst in der Praxis. Um von einer bestehenden Arbeitsweise in die SAFe®-Arbeitsweise zu kommen, ist es notwendig, das ganze System einzuführen. Diese neue Praxis so gut wie möglich zu beherrschen, muss das Ziel der Transformation sein. Der große Vorteil von SAFe® ist, dass es sehr gut dokumentiert ist und deshalb besonders für Einsteiger hilfreich ist. Wenn ein Unternehmen einige Jahre erfolgreich SAFe® umgesetzt hat, bedeutet das nicht, dass dieses Modell bis in alle Ewigkeit so verwendet werden muss. Mithilfe von SAFe® erlangen die Mitarbeiter die Meisterschaft in skalierten agilen Umfeldern. Sie sind in der Lage, selbst agile Prozesse zu designen und anzupassen. Diese Meisterschaft ist das Ziel, nicht das Befolgen von Richtlinien.

Anti-Pattern »Need for Change«

Ein Unternehmen ließ den ersten Schritt zur Schaffung des Gefühls einer Dringlichkeit aus. Auf der Ebene der Mitarbeiter wurde diese Leerstelle durch die Hypothese ersetzt: »Das ist wohl wieder so eine Management-Modewelle.« Als Folge waren alle Teams sehr stark versucht, selbst möglichst wenig anzupassen und möglichst viel der bestehenden Arbeitsweise in SAFe® hineinzuinterpretieren. Im Grunde ihres Herzens wollten sie so weitermachen, wie sie bisher gearbeitet haben. Die Einstellung zu SAFe® war: »Das kann man alles so machen, aber man kann es auch anders machen.« SAFe® wurde zur »inspirierenden Anregung« für neue Arbeitsweisen. Diese Interpretation passte leider nicht zu den Erwartungen und zur Steuerung der Transformation. Die Ergebnisse blieben aus und SAFe® musste wieder eingestellt werden. Zu viele schlechte Erfahrungen wurden mit dem Begriff bereits von den Mitarbeitern verbunden.

Kapitel 3

Führung

3.1 Lean-Agile Leadership

Führung ist ein zentrales Thema in SAFe®. Dieses Führungsmodell wird auf jeden Fall für die SAFe®-Prozessorganisation entlang des Wertstroms erwartet. Dort ist es ein integraler Bestandteil. In der Prozessorganisation wird jede Rolle als Führungskraft für einen kleinen Aspekt verstanden. Jeder führt und jeder trifft idealerweise Entscheidungen in dem Bereich, in dem er Experte ist. Führung geht in der Prozessorganisation alle an. Um die Verbindung zwischen der Prozessorganisation und der Linienorganisation erfolgreich umzusetzen, benötigt das Unternehmen Führungskräfte, die in der Hierarchie und in der Prozessorganisation anschlussfähig sind.

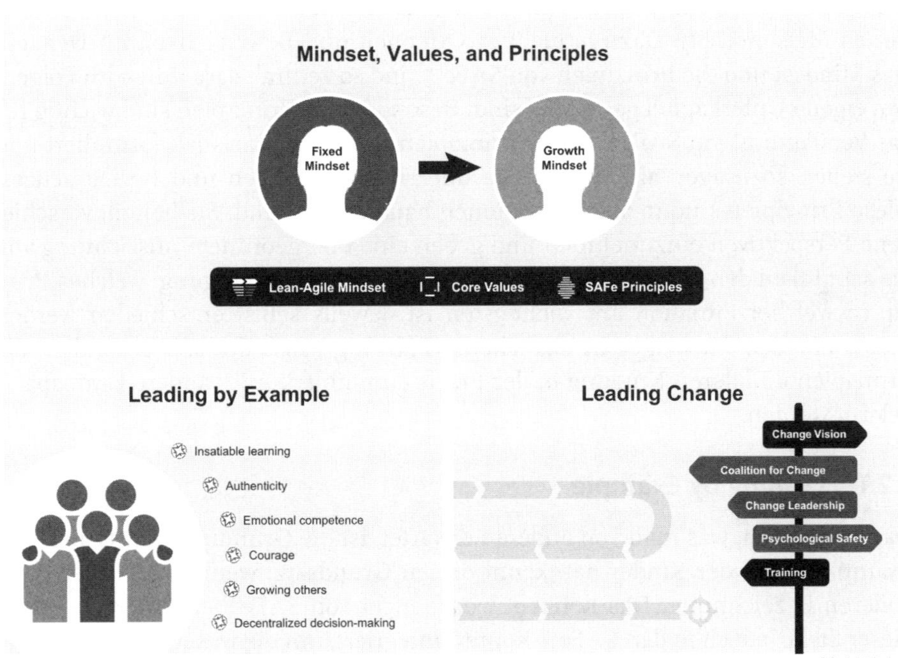

Abb. 3.1: Lean-Agile Leadership[1]

1 https://scaledagileframework.com/wp-content/uploads/2022/11/Keystone-LAL-01.svg

In vielen Bereichen ist hierfür der Begriff »Beidhändige Führung« oder »Ambidextrie« entstanden. Dies bedeutet, je nach Kontext anders zu führen: in der Prozessorganisation Lean-Agile Leadership zu praktizieren und in der Linienorganisation die Erwartungen der Hierarchie zu erfüllen. Diese Führungskräfte können dadurch zwischen den Welten vermitteln. Sie müssen dazu ausgebildet werden. Selbstverständlich ist es auch möglich, die ganze Organisation mit Lean-Agile Leadership zu führen oder Teile aus dem Modell auch in der Linie zu verwenden. Dies ist jedoch für die Einführung von SAFe® keine Erwartung oder Voraussetzung.

3.2 Mindset und Prinzipien

In SAFe® wurden sehr viele Best Practices integriert. Besonders für den Einsteiger in das Thema Führung sind die vielen Texte deshalb eher verwirrend. Die Modelle gehen alle in dieselbe Richtung, sind aber nicht immer völlig überschneidungsfrei. Deshalb hier der Versuch einer Kurzfassung. SAFe® folgt sehr stark dem Lean-Agile-Ansatz für Führung. Dort hat die Führungskraft die Rolle des Lehrers und des Lerncoaches. Er kennt viele Problemlösungstechniken und bringt diese anderen zur Lösung ihrer Probleme bei. Die Basis für die Orientierung sind immer reale Probleme und deren nachhaltige Lösung. Sich selbst weiterzuentwickeln und kontinuierlich Neues zu erlernen, ist Teil dieses Mindsets einer gemeinsamen Meisterschaft. Dazu braucht es Offenheit und Beweglichkeit im Denken. Das Mindset und die Prinzipien von SAFe® sind so zentral, dass ihnen im Folgenden eigene Unterkapitel gewidmet sind. Besonders die Prinzipien sind wichtig für das Verständnis von SAFe®. Diese Prinzipien sind sehr praxisnah formuliert und sie stehen sozusagen als Meta-Ebene über allen Prozessen und Best Practices. Diese Prinzipien sind in allen Situationen handlungsleitend. Sie helfen, verschiedene Perspektiven einzunehmen und geben eine übergeordnete Ausrichtung vor. Sie schränken den Handelnden dabei nicht ein, weil die Abwägung, welches Prinzip in welcher Situation am wichtigsten ist, jeweils selbst entschieden werden muss. Für den Einsteiger in das Thema Führung seien deshalb besonders die Prinzipien und deren Nutzung in der Praxis empfohlen. Alles andere kann später gelernt werden.

3.2.1 Leading by Example

Das vorzuleben, was man von anderen erwartet, ist die Grundidee von Leading by Example. Jeder, der Kinder hat, kennt diesen Grundsatz, wenn auch unter einer anderen Bezeichnung. Das Konzept wurde nicht von SAFe® erfunden. Es ist an dieser Stelle jedoch in den SAFe®-Kontext integriert, um die wesentlichen Aspekte des Vorlebens hervorzuheben.

- Durch kontinuierliches eigenes Lernen zeigen die Führungskräfte den Wert von Wissen und Wachstum in der Praxis auf. Dazu gehört auch, Fehler einzugestehen und eigene Entscheidungen zu hinterfragen. Reflexion wird nicht als Zeichen von Schwäche oder Unsicherheit, sondern als Stärke betrachtet. Erst wird die Richtung gesucht, dann erst wird es richtig umgesetzt. Grundsätzlichen Fragen wird nicht ausgewichen.

- Authentizität verlangt von Führungskräften, dass sie die gewünschten beruflichen und ethischen Verhaltensweisen vorleben. Sie handeln ehrlich, integer und transparent. Dabei bleiben sie sich selbst und ihren Überzeugungen treu. Die gelebten Werte und Prinzipien entsprechen der eigenen Überzeugung.
- Emotionale Kompetenz beschreibt, wie Führungskräfte ihre eigenen Emotionen und die anderer durch Selbsterkenntnis, Selbstregulierung, Motivation, Einfühlungsvermögen und soziale Kompetenz erleben und steuern.
- Mut ist für Führungskräfte unerlässlich, um ihre Organisationen durch die sich schnell verändernde Dynamik eines digitalen Zeitalters zu führen. Dies erfordert von den Führungskräften, dass sie sich auch verletzlich zeigen, angemessene Risiken eingehen und sich auf schwierige, aber notwendige Gespräche einlassen, auch wenn dies den Status quo infrage stellen könnte.
- Andere wachsen zu sehen, ermutigt Führungskräfte, jedem Mitarbeiter persönliche, fachliche und technische Anleitung und Ressourcen zur Verfügung zu stellen. So kann jeder mehr Verantwortung und Entscheidungen übernehmen.
- Dezentrale Entscheidungsfindung verlagert die Entscheidungsbefugnis dorthin, wo die Informationen sind. Sie bereitet die Teams darauf vor, selbst dezentral Entscheidungen zu treffen. Es wird in technische Kompetenz investiert und mit Entscheidungsleitplanken für organisatorische Klarheit gesorgt.

3.2.2 Leading Change

Im vorhergehenden Kapitel wurde Change als Transformation der Organisation betrachtet. Das Modell von Josef Kotter strukturiert diese Transformation. Hier geht es um die Führung jedes Einzelnen innerhalb dieser Transformation. In der Summe führen all diese Führungsimpulse zu dem gewünschten Ergebnis. Aus diesem Grund taucht das Thema Leading Change in dem Führungsmodell von SAFe® auf.

- Wandel benötigt eine Vision. Diese muss von Führungskräften effektiv kommuniziert werden, damit klar wird, warum der Wandel notwendig ist. Dies sollte in einer Art und Weise geschehen, die die Menschen inspiriert, motiviert und dazu bringt, den Wandel mit einem Gefühl der Dringlichkeit zu unterstützen.
- Eine erfolgreiche Koalition für den Wandel entsteht, wenn viele Personen auf verschiedenen Ebenen über Bereiche hinweg unterschiedliche Perspektiven integrieren können. So können sie in der Umsetzung des Wandels gemeinsam Hindernisse überwinden.

- Change Leadership ist die Fähigkeit, andere positiv zu beeinflussen und zu motivieren, sich für den organisatorischen Wandel zu engagieren. Dazu gehört es, kurzfristige Erfolge zu erzielen und zu feiern. Dies verstärkt die Motivation, bis die gewünschten Ergebnisse erreicht sind und die Veränderung in der Organisation integriert ist.
- Psychologische Sicherheit entsteht, wenn Führungskräfte ein Umfeld schaffen, in dem es sich lohnt, Risiken einzugehen. Die Mitarbeiter müssen keine Angst vor negativen Folgen für ihren Status oder ihre Karriere befürchten.
- Die Schulung der neuen Arbeitsweise stellt sicher, dass alle Mitarbeiter in den Werten, Prinzipien und Praktiken von Lean und Agile geschult werden. Dies gilt selbstverständlich für Führungskräfte, damit sie mit gutem Beispiel vorangehen können.

Anti-Pattern »Abteilungs-ARTs«

Ein Unternehmen sah die Notwendigkeit der Verbindung zwischen den zwei Betriebssystemen auf Abteilungsebene. Die Mitarbeiter jedes ARTs waren auch gleichzeitig in derselben Abteilung. Dies führte zu zusätzlicher Unsicherheit bei der Transformation, da die meisten Mitarbeiter auch neue Vorgesetzte bekamen. An bestimmten Stellen in der Umsetzung war die Parallelität zwischen ART und Abteilung hilfreich. Besonders die Budgetprozesse waren vereinfacht, weil nichts verändert werden musste. Nur was das Thema Führung und insbesondere dezentrale Entscheidungen treffen anging, funktionierte es nicht. Einige Mitarbeiter wollten sich immer noch einmal rückversichern, ob ihre Entscheidung auch richtig war, andere entschieden einfach gar nicht erst. In Diskussionen führte die Anwesenheit der Führungskraft oft zu großem Schweigen. Alle warteten ab, was die Führungskraft sich vorstellte. Die Entwicklung eines Lean-Agile Mindsets wurde durch die direkte Verbindung zwischen ART und Abteilung behindert. Als die Notwendigkeit aufkam, die Wertströme anders zu optimieren und die ARTs umzubauen, bremste die Verbindung die notwendige Beweglichkeit aus.

3.3 Core Values – Kernwerte

Die Werte von SAFe®[2] sind sehr dicht an den Werten des Lean Managements aus der Toyota-Produktionsphilosophie. Werte kann man nicht ohne Weiteres nach Kontext wechseln. Das würde die Person, die so vorgeht, in ihrer Glaubwürdigkeit beschädigen.

2 https://scaledagileframework.com/safe-core-values/

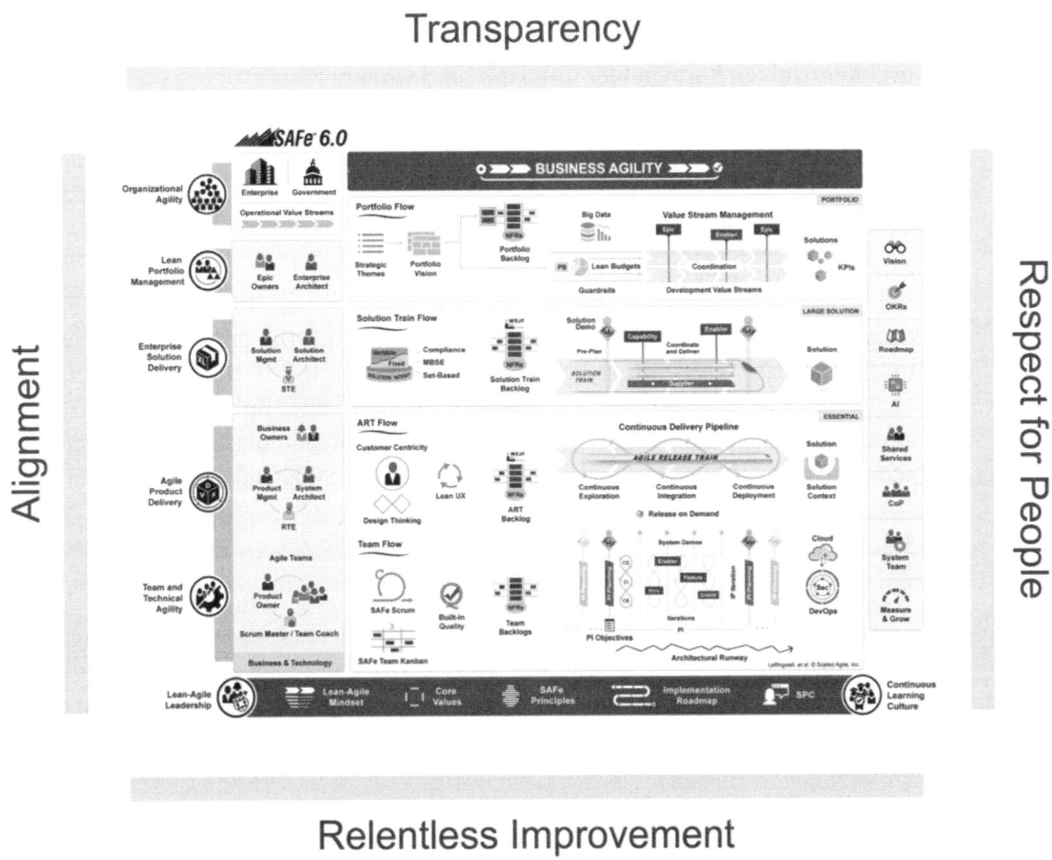

© Scaled Agile, Inc.

Abb. 3.2: Kernwerte von SAFe®[3]

Werte sind für unser Denken und Verhalten so grundlegend, dass eine Abstimmung der Werte zwischen beiden Betriebssystemen unumgänglich ist. Es funktioniert nicht, wenn zum Beispiel das eine System aktiv Information-Hiding praktiziert und das andere System Transparenz predigt. Hier die Werte im Überblick:

3.3.1 Transparenz

Transparenz ist ein wichtiger Wert, damit jeder alle notwendigen Informationen zur Hand hat, um gute Entscheidungen zu treffen. Alle Fakten müssen auf dem Tisch liegen. Dies betrifft auch Fehler. Mit Fehlern muss transparent und ehrlich

3 https://scaledagileframework.com/wp-content/uploads/2022/10/Core_Values_F01_WEB.png

umgegangen werden. Eine große Herausforderung ist es, eine große Menge von Informationen transparent für alle zugänglich zu machen. Gute Visualisierungen und Kennzahlen können hier unterstützend wirken.

3.3.2 Abstimmung

Bei der Abstimmung geht es darum, alle Positionen zu integrieren. Besonders, wenn viele Entscheidungen dezentral getroffen werden, ist Abstimmung wichtig. Zur Ausrichtung der gemeinsamen Entscheidungen ist die Vision wichtig. Diese richtet alle Mitarbeiter und damit alle Entscheidungen in eine gemeinsame Richtung aus. Ähnlich ist es mit der Kundenorientierung. Die gemeinsame Ausrichtung und das Verständnis der Bedürfnisse des Kunden müssen aufeinander abgestimmt werden. Ein System, in dem viele Mitarbeiter Entscheidungen treffen, kann nur abgestimmt funktionieren. Sonst würden sich die Entscheidungen im schlimmsten Fall neutralisieren und Konflikte oder Stillstand erzeugen.

3.3.3 Wertschätzung

Wertschätzung betrifft nicht nur die Arbeitsergebnisse, sondern auch die Personen selbst und ihren Einsatz für die gemeinsame Sache. Dies wahrzunehmen und auszudrücken, schafft eine positive vertrauensvolle Atmosphäre, in der Menschen gerne arbeiten. Gemeinsam lernen und gute Lösungen entwickeln, braucht einen kreativen, wertschätzenden Rahmen. Dazu gehört auch, sich gegensätzliche Meinungen anzuhören und wirklich verstehen zu wollen, was den anderen bewegt. Auch für Kundenbeziehungen und langfristige Partnerschaften mit anderen Unternehmen braucht es Wertschätzung.[4]

3.3.4 Kontinuierliche Verbesserung

Das Gute ist der Feind des Besseren. Verbessern kann man nicht ohne Zerstören. Jeder kann in seinem Bereich viele Dinge finden, die er verbessern kann. Die gemeinsamen Ziele richten diese Verbesserungen aus und die Transparenz macht sie anderen zugänglich. Es geht bei diesem Wert besonders um das Momentum, Dinge gemeinsam zu hinterfragen, und wenn sich Verbesserungen ergeben, diese auch umzusetzen. Sich bei den Verbesserungen von Fakten und Daten leiten zu lassen, hilft besonders, um eine Kontinuität zu erhalten. An den Daten kann man erkennen, dass die Maßnahmen wirken. Und wenn die erste Maßnahme noch nicht gegriffen hat, braucht es eine zweite usw. Die wichtigsten Probleme nachhaltig zu lösen, ist ein zentraler Wert und ein Mindset.

4 Mit Wertschätzung Wert schöpfen, 2017, Beltz Verlag, Claudia Härtl-Kasulke

Die Kernwerte entfalten ihre wirkliche Kraft erst in der Summe. Es ist die Aufgabe aller, sie zu leben und zu verwirklichen. Eine besondere Rolle in Bezug auf die Werte haben die coachenden Rollen in SAFe®. Das sind der Team-Coach, der RTE, der STE und der SPC. In ihrer Verantwortung steht nicht das inhaltliche Ergebnis, sondern der Prozess der Umsetzung. Die Werte müssen in der Arbeitsweise sichtbar werden. Erst dann können sie das Ergebnis positiv beeinflussen.

Anti-Pattern »Einfluss von Werten und Mindset«

Ein Unternehmen hat sich bei der SAFe®-Einführung sehr stark auf die Rollen und die operativen Prozesse fokussiert. Den Prinzipien und den Werten wurde wenig Beachtung geschenkt. Nachdem die Prozesse eingeführt waren, wunderten sich viele, dass die Prozesse nicht effizient, planbar und vorhersagbar waren. Die realen Werte des Unternehmens waren sehr stark auf Effizienz ausgerichtet. Das Management operierte weiterhin nach dem bisherigen Ansatz: Command and Control. Es baute Druck auf, wenn Ergebnisse nicht geliefert wurden oder die Effizienz nicht ausreichend erschien. Darüber hinaus gab es viele Dienstleistungsunternehmen, die gemeinsam ein Netzwerk bildeten. Auch hier konnten keine partnerschaftlichen Beziehungen aufgebaut werden. Die Beziehungen waren durch die alten Werte und durch Misstrauen geprägt. Command und Control baute Druck auf und sollte zu Effizienz führen. SAFe® konnte sich ohne die Werte und Prinzipien nicht so entwickeln, wie es gewünscht war. Es entstanden Konflikte im Unternehmen, die im Grunde auf den Wertekonflikt zurückzuführen waren. Dies wurde jedoch nicht als Ursache der operativen Probleme erkannt. Eine Lösung des Wertekonflikts gelang erst sehr spät.

3.4 SAFe®-Prinzipien

Die SAFe®-Prinzipien[5] konkretisieren die Werte in Richtung einer Denkweise oder Handlungsempfehlung. Viele Menschen werfen SAFe® vor, zu viel Dokumentation und Material zur Verfügung zu stellen und damit zu verwirren. Diesem Vorwurf kann man sehr gut mit den SAFe®-Prinzipien begegnen. Sie sind so etwas wie der Kern von SAFe®. Sie sind in allen Prozessen und Rollen enthalten. Es ist sehr wichtig, immer wieder zu ihnen zurückzukehren, um sie in das tägliche Handeln zu integrieren.

5 `https://scaledagileframework.com/safe-lean-agile-principles/`

#1 Take an economic view

#2 Apply systems thinking

#3 Assume variability; preserve options

#4 Build incrementally with fast, integrated learning cycles

#5 Base milestones on objective evaluation of working systems

#6 Make value flow without interruptions

#7 Apply cadence, synchronize with cross-domain planning

#8 Unlock the intrinsic motivation of knowledge workers

#9 Decentralize decision-making

#10 Organize around value

© Scaled Agile, Inc.

Abb. 3.3: Prinzipien von SAFe®[6]

#1 Eine wirtschaftliche Sichtweise einnehmen – Take an economic view[7]

Für den wirtschaftlichen Erfolg des Unternehmens ist es sinnvoll und notwendig, wenn alle Mitarbeiter eine wirtschaftliche Perspektive einnehmen. Sie haben andere Perspektiven, in denen sie Experten sind: Marketing, Testing, Architektur, ... Um den Kunden nachhaltig zufriedenzustellen und das Unternehmen erfolgreich zu machen, ist es jedoch notwendig, diese Fachperspektiven vor dem Hintergrund der Wirtschaftlichkeit zu reflektieren. Nicht alles, was machbar und wünschenswert ist, ist auch ökonomisch abbildbar.

Die folgenden Parameter lohnt es, in diese wirtschaftliche Perspektive einzubeziehen:

- Entwicklungskosten – Arbeits- und Materialkosten, die für die Implementierung erforderlich sind
- Vorlaufzeit – die Zeit, die für die Implementierung benötigt wird

6 `https://scaledagileframework.com/wp-content/uploads/2023/03/SAFe-Principles-Overview_F01_WEB-1.png`

7 `https://scaledagileframework.com/take-an-economic-view/`

- Produktkosten – die Herstellungskosten (sowie die Bereitstellungs- und Betriebskosten)
- Wert – der wirtschaftliche Wert für das Unternehmen und den Kunden
- Risiko – die Ungewissheit des technischen oder wirtschaftlichen Erfolgs der Lösung

#2 Systemdenken anwenden – Apply systems thinking[8]

Wir sind es gewohnt, monokausal in Ursache und Wirkung zu denken. Das ist ein guter Anfang. In Systemen gibt es viele Elemente, die sich gegenseitig und wechselseitig beeinflussen. Durch die Anzahl und die Art und Stärke der Beziehungen entsteht eine Komplexität, die in ihren Einzelelementen nicht erkennbar ist. Systemdenken ist auch immer ein ganzheitliches Denken.

- Die Teammitglieder müssen die Grenzen des Systems und seine Wechselwirkungen mit der Umgebung genau kennen.
- Die Optimierung einer Komponente des Systems führt nicht zwangsläufig zur Optimierung des gesamten Systems. Komponenten können egoistisch werden und die Ressourcen in Anspruch nehmen, die andere Elemente benötigen.
- Damit sich das System gut verhält, müssen die Teams das beabsichtigte Verhalten und die Architektur verstehen.
- Der Wert eines Systems ergibt sich aus seinen Verbindungen. Diese Schnittstellen sind entscheidend für die Bereitstellung des letztendlichen Mehrwerts. Die kontinuierliche Aufmerksamkeit für diese Schnittstellen und Interaktionen ist von entscheidender Bedeutung.
- Ein System kann sich nicht schneller weiterentwickeln als sein langsamster Integrationspunkt. Je schneller das gesamte System integriert und bewertet werden kann, desto schneller wächst das Systemwissen.

#3 Variabilität voraussetzen; Optionen bewahren – Assume variability; preserve options[9]

Es gibt nicht nur eine Lösung für ein Problem, die man durch ausreichend langes Nachdenken finden könnte. Es gibt immer eine Fülle möglicher Lösungen. Was eine gute Lösung ist, entscheidet der Kontext. Wissen ist immer verbunden mit einem Anteil von Nichtwissen. Aus diesem Grunde lohnt es sich, mehrere mögliche Lösungen in der Praxis zu evaluieren, bevor man endgültige Entscheidungen trifft. Auf diese Weise werden immer mehr Lösungen aussortiert und die optimale Lösung entsteht mit der Zeit. Dieses Vorgehen nennt sich evolutionäres oder Set Based Design.

---

8 `https://scaledagileframework.com/apply-systems-thinking/`

9 `https://scaledagileframework.com/assume-variability-preserve-options/`

Dieses Denken läuft dem von klassisch geprägten Ingenieuren sehr zuwider. Auch der klassisch geprägte Controller fordert Effizienz in der Konzeption. Für ihn sind die vielen Optionen und Experimente Verschwendung. Bei der Einführung von SAFe® ist es wichtig, auch diese Gruppen von diesem Prinzip zu überzeugen. Die daraus resultierenden Diskussionen sind sehr wichtig für die Nachhaltigkeit der Einführung.

#4 Inkrementeller Aufbau mit schnellen, integrierten Lernzyklen – Build incrementally with fast, integrated learning cycles[10]

Die Antworten von komplexen Systemen kann man nicht denken, man muss sie am System ausprobieren.[11] Damit man dies kontinuierlich tun kann, muss das System von Anfang an funktionsfähig sein. Dazu muss man alle Komponenten gemeinsam kontinuierlich integrieren. Nur so ist es möglich, am System zu lernen und es zu optimieren. Das schnelle Lernen führt zu besseren Systemen.

#5 Etappenziele auf objektive Bewertung funktionierender Systeme stützen – Base milestones on objective evaluation of working systems

Mit dem Fokus auf vollständig integrierte Systeme und den daraus resultierenden Lernerfahrungen zeigen diese den Taktgeber an. Alle Vorstufen einer klassisch erstellten Komponente wie Spezifikation oder Architektur haben noch keinen Wert für die Integration. Deshalb lohnt es sich nicht, mit Meilensteinen auf sie zu fokussieren.

#6 Arbeitsergebnisse ohne Unterbrechungen fließen lassen – Make value flow without interruptions[12]

Dieses Prinzip basiert auf den Kerngedanken des Toyota-Produktionsprozesses. Den Fluss der Arbeit sichtbar zu machen und alles, was den Fluss der Arbeit behindert, kontinuierlich zu beseitigen. Dieses Prinzip und die acht Techniken zur Beschleunigung sind besonders nach einer umfassenden Einführung hilfreich. Sie sind im Detail im letzten Kapitel erklärt. Besonders wichtig an dieser Betrachtung des Wertstroms ist, dass sie von der ersten Idee bis zur Auslieferung an den Kunden geht. Alle Zwischenprodukte und Haltepunkte sind in dieser Betrachtung ohne Wert. Je kleiner die Arbeitspakete, die durch das System ausgeliefert werden, sind, desto kontinuierlicher und schneller können sie fließen.

10 https://scaledagileframework.com/build-incrementally-with-fast-integrated-learning-cycles/

11 https://youtu.be/N7oz366X0-8, https://www.consulting-life.de/cynefin-framework/

12 https://scaledagileframework.com/base-milestones-on-objective-evaluation-of-working-systems/

#7 Kadenz anwenden, mit bereichsübergreifender Planung synchronisieren – Apply cadence, synchronize with cross-domain planning[13]

Die Kadenz ist der Rhythmus oder Taktgeber der Entwicklung. Alle Bereiche werden im gleichen Takt entwickelt, um sie kontinuierlich gemeinsam integrieren zu können. Nur das integrierte Gesamtsystem zeigt den wirklichen Status der Entwicklung auf. Der gemeinsame Takt ermöglicht eine kontinuierliche und umfassende Integration.

#8 Die intrinsische Motivation der Wissensarbeiter freisetzen – Unlock the intrinsic motivation of knowledge workers[14]

Die bisherigen Prinzipien waren allesamt sehr stark auf die Lieferungen in komplexen Systemen ausgerichtet. Dieses Prinzip legt einen vollkommen anderen Fokus: der Mensch. Nur wenn die einzelnen Mitarbeiter motiviert sind und gemeinsam gute Ergebnisse produzieren, ist das Unternehmen erfolgreich. Bei der Motivation wird hier auf die Bereiche Autonomie, Meisterschaft und Sinn fokussiert. Nur wenn jeder Einzelne sich selbst entfalten kann und den tieferen Sinn seiner Aufgabe für das Ganze erkennt, entsteht Motivation. Kontinuierliches Lernen begleitet die Entwicklung zur Meisterschaft.[15]

#9 Dezentralisierung der Entscheidungsfindung – Decentralized decision-making

Die Voraussetzung von dezentraler Entscheidungsfindung ist, dass jeder in seinem Bereich mit seiner Expertise Entscheidungen treffen kann. Das nennt sich Enabling. In SAFe® ist dies kein Lippenbekenntnis, sondern eine gelebte Praxis. Jede der vielen Rollen hat einen Verantwortungsbereich, in dem immer wieder Entscheidungen getroffen werden müssen. Der große Vorteil dieser dezentralen Entscheidungen ist, dass sie mit dem notwendigen fachlichen Hintergrund und sehr schnell getroffen werden können. Es wird keine Kette von Kommunikationen angestoßen, bei der diverse Entscheidungsvorlagen, Hierarchiestufen oder Meetings notwendig sind. Die dezentralen Entscheidungen müssen von jedem Einzelnen abgestimmt und dokumentiert werden. Dies ist notwendig, um für alle den Wert Transparenz umzusetzen.

#10 Um den Wertstrom herum organisieren – Organize around value[16]

Die Organisation um den Wertstrom ist notwendig, um kontinuierlich Ergebnisse an den Kunden liefern zu können. So ist es möglich, kontinuierlich Feedback zu bekommen. Alle notwendigen Experten arbeiten gemeinsam in diesen Wertströmen. Die bisherigen Silos wie zum Beispiel Entwicklung, Betrieb, Test, Architek-

---

13 `https://scaledagileframework.com/apply-cadence-synchronize-with-cross-domain-planning/`

14 `https://scaledagileframework.com/unlock-the-intrinsic-motivation-of-knowledge-workers/`

15 Drive, 2011 Pinguin Random House, Daniel H. Pink

16 `https://scaledagileframework.com/organize-around-value/`

tur, Business werden dabei aufgebrochen. Alle arbeiten zusammen an der Umsetzung von Ergebnissen. Dies beschleunigt die Kommunikation und schafft die Möglichkeit einer ganzheitlichen Betrachtung.

Zum Teil bauen die Prinzipien aufeinander auf oder sie ergänzen sich. Der Wert mancher Prinzipien ergibt sich erst mit der Zeit. Deshalb ist eine Reflexion der eigenen Arbeit im Team in Bezug auf diese Prinzipien immer wieder hilfreich.

3.5 Sieben Kernkompetenzen

Normalerweise würde man Kompetenzen nicht unter dem Aspekt Führung eingruppieren. Durch den starken Lean-Ansatz und die daraus resultierende Rolle der Führungskraft als Lehrer und Coach ist es hier jedoch notwendig. Um Problemlösungen im Sinne des SAFe®-Modells angehen zu können, braucht es eine fundierte Grundlage. Lernen, Wissen, Anwenden und Weitergabe von Wissen sind als Teil der Führung zu betrachten.

Die Anwendung der sieben Kernkompetenzen ist abhängig vom SAFe®-Level, der in der Organisation eingeführt wird. Alle sieben Level werden nur bei Einführung von Arts, Solution Trains und Portfolio benötigt. Wenn man die Level auf der SAFe®-Website durchklickt, sieht man, welche Icons, also Kernkompetenzen, zu den jeweiligen Leveln gehören.

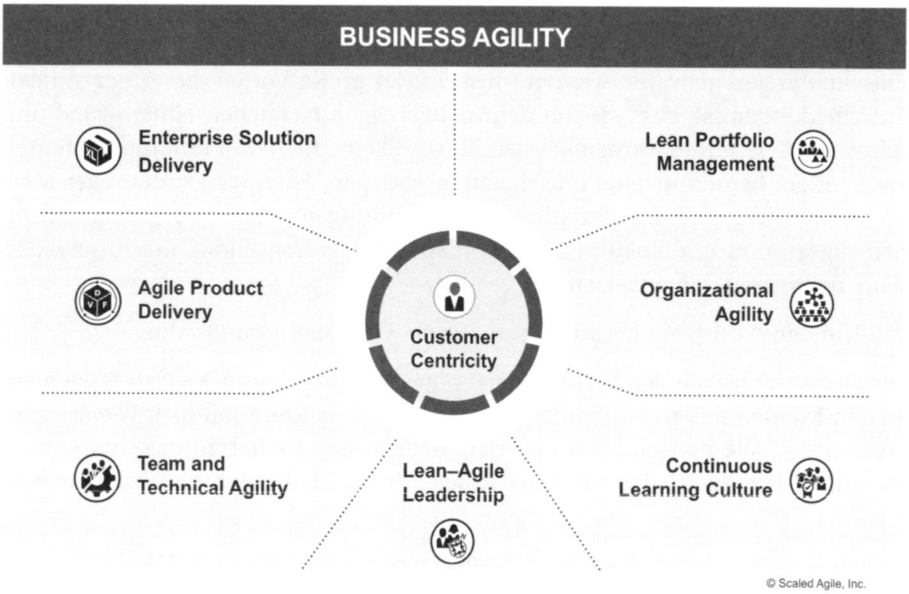

Abb. 3.4: Kompetenzfelder von SAFe®[17]

17 https://scaledagileframework.com/wp-content/uploads/2023/02/Business_Agility_F06.svg

Der Fokus aller sieben Kernkompetenzen ist die Kundenzentrierung des Unternehmens. Diese ist keine eigene Kernkompetenz, sondern Teil von Essential. Auch die Business Agility selbst ist keine Kernkompetenz, sie resultiert aus den Möglichkeiten, die die Kompetenzen in der Summe bieten. Alle Kompetenzen sind nicht nur für eine bestimmte Kompetenz im System relevant, sondern für alle Mitarbeiter. Sie stellen die gemeinsame Basis für die Umsetzung des zweiten Betriebssystems dar.

3.5.1 Essential

Lean-Agile Leadership[18]

Manager, Führungskräfte und andere Verantwortlichen eines Unternehmens sind für die Einführung, den Erfolg und die kontinuierliche Verbesserung der Lean-Agile-Entwicklung verantwortlich. Nur sie haben die Möglichkeit, die Systeme zu ändern und kontinuierlich zu verbessern und die Arbeitsabläufe zu verändern. Darüber hinaus können nur diese Führungskräfte ein Umfeld schaffen, das leistungsstarke agile Teams ermutigt, sich zu entfalten und Werte zu schaffen. Die Führungskräfte müssen daher diese Denk- und Arbeitsweisen verinnerlichen und vorleben, damit die Teammitglieder von ihrem Beispiel, ihrem Coaching und ihrer Ermutigung lernen.

Continuous Learning Culture[19]

Die Lernkultur ist die strategische Antwort auf die zunehmende Unsicherheit des Unternehmenskontextes. Wenn neue Technologien aufkommen, Märkte wegbrechen oder Kunden neue Wünsche entwickeln, steht jedes Unternehmen vor der Herausforderung des Wandels. Dieser Wandel auf der Unternehmensebene bedeutet für jeden Mitarbeiter in seiner Kompetenz neues Lernen. Kontinuierliches Lernen und Experimentieren sind deshalb eine strategische Kompetenz, weil sie strategische Veränderung ermöglichen.

Team und technische Agilität[20]

Die agile Fertigung von IT-Produkten und der kontinuierliche Fluss von Arbeitsergebnissen in Richtung Kunde bilden das Rückgrat für alle Folgeprozesse. Eine hochwertige Qualität von Lösungen muss Teil aller Prozesse sein. Eine hohe Automatisierung von Qualitätssicherung und Deployment sind ebenso notwendige Bestandteile der Prozessqualität.

18 `https://scaledagileframework.com/lean-agile-leadership/`
19 `https://scaledagileframework.com/continuous-learning-culture/`
20 `https://scaledagileframework.com/team-and-technical-agility/`

Agile Product Delivery[21]

Hier geht es um das professionelle Produktmanagement und Marketing. Dieses Know-how ist innerhalb der IT zum Teil etwas überraschend. Hier geht es um Marktsegmente, Fokusgruppen und systematische Feedbackschleifen zum Endkunden. Dieses Wissen muss als Kompetenz in der IT verankert werden.

3.5.2 Large Solution

Enterprise Solution Delivery[22]

Hier geht es darum, sehr große und komplexe Lösungen gemeinsam agil zu erstellen und deren Qualität zu sichern. Dazu braucht es bestimmte Ingenieurspraktiken und Systeme, um regulatorische Anforderungen und Zertifizierungen kontinuierlich erfüllen zu können.

3.5.3 Portfolio

Lean Portfolio Management[23]

Das Portfolio ist für die Implementierung der Strategie verantwortlich. Dazu wird nicht in der Sprache von technischen Lösungen, sondern in der Sprache von Business Ideen und Erwartungen formuliert. Diese Ideen werden nach dem Lean-Startup-Prinzip getestet und erst umgesetzt, wenn der Erfolg überprüft ist. Das Lean-Startup-Prinzip steuert auch das Budget für die Umsetzung. Eine Idee wird nur so lange verfolgt, bis sie ihren Mehrwert für den Kunden realisiert hat.

Organizational Agility[24]

Durch die Implementierung des Portfolios schließt sich der Kreis von der Strategie bis zur Umsetzung. Dies ermöglicht die Agilität der ganzen Organisation. Dazu zählt auch die Möglichkeit, das Tagesgeschäft nach den gleichen Prinzipien zu strukturieren und zu integrieren.

Die Texte zu den Kompetenzen sind bewusst knapp gehalten. Die Lektüre der jeweiligen Bereiche auf der SAFe®-Website sei an dieser Stelle dringend als Ergänzung empfohlen. Der Umfang und die Summe der Themen zeigen, wie weit SAFe® in die Prozesse der Organisation eingreift. Der Wert der SAFe®-Prinzipien wird hier umso deutlicher. Sie gelten in allen Kernkompetenzen gleichermaßen. Der Einstieg in SAFe® ist gleichzeitig auch der Einstieg in das Lernen von neuen Themenfeldern. Dies kann eine ein guter Einstieg in lebenslanges Lernen sein.

21 https://scaledagileframework.com/agile-product-delivery/
22 https://scaledagileframework.com/enterprise-solution-delivery/
23 https://scaledagileframework.com/lean-portfolio-management/
24 https://scaledagileframework.com/organizational-agility/

3.6 Lean-Agile Mindset

Auch Mindset[25] ist kein klassisches Führungsthema. Durch die Ausweitung der Führung in sehr viele Rollen beginnt jeder, in seinem Kontext zu führen. Mindset ist sehr eng verbunden mit Selbstführung. Ich führe mich selbst und bin damit ein Beispiel für alle anderen. Wenn viele Menschen ein Growth Mindset haben, hat das einen erheblichen Einfluss auf die Unternehmenskultur. Die Unternehmenskultur ist ein Element von Führung.

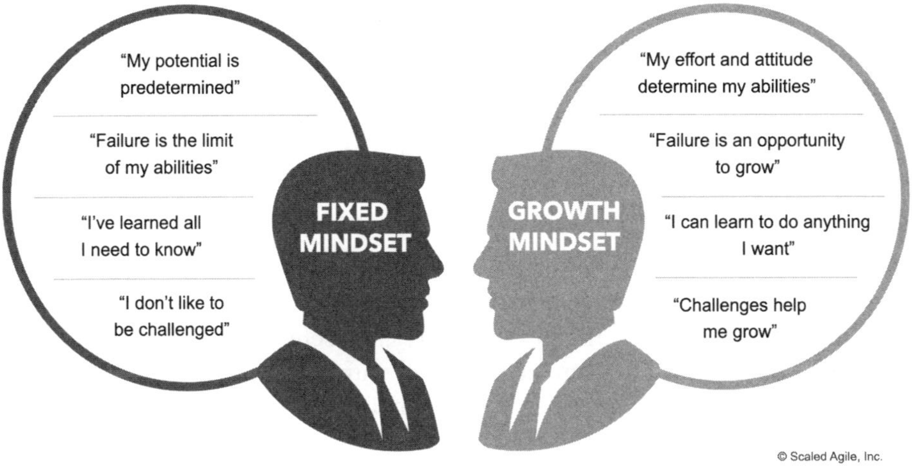

Abb. 3.5: Glaubenssätze der verschiedenen Mindsets[26]

Das Fixed Mindset ist mit einem statischen Weltbild und Selbstbild verbunden: [27]

- In Herausforderungen wird das Risiko zu scheitern gesehen.
- Hindernisse führen zur Aufgabe im Falle von Rückschlägen.
- Alle Dinge sollen schnell und einfach von der Hand gehen.
- Kritik wird als persönliche Attacke auf die eigene Person gewertet.
- Erfolg anderer erzeugt Neid und führt zu eigener Unsicherheit.

Das Growth Mindset hingegen bewertet identische Ereignisse vollkommen anders.

- Herausforderungen werden gerne angegangen, weil in ihnen die Möglichkeit zum Wachstum erkannt wird.

25 https://scaledagileframework.com/lean-agile-mindset
26 https://scaledagileframework.com/wp-content/uploads/2022/10/Lean-Agile-Mindset_F01.svg
27 https://scaledagileframework.com/leading-in-the-digital-age/

- Wenn Hindernisse auftreten, werden Ziele beharrlich weiterverfolgt.
- Der eigene Aufwand wird als lohnender Einsatz für den Erfolg betrachtet.
- Kritik ist eine Rückmeldung, die Lernen ermöglicht. Sie ist ein wichtiges Feedback.
- Erfolg anderer ist eine Quelle der Inspiration und zeigt neue Möglichkeiten auf.

Ein Mindset ist tief in der Persönlichkeit verankert und über viele Jahrzehnte erlernt. Man kann es nicht einfach ablegen. Das Wichtigste ist, erst einmal zu erkennen, dass es möglich ist, am eigenen Mindset zu arbeiten. Das ist der erste Schritt in Richtung eines Growth Mindset. Diese Arbeit am eigenen Mindset stellt für jeden Einzelnen so etwas wie eine kleine persönliche Transformation dar. Sich auf diese Transformation einzulassen und sie als Chance zu erkennen, kann sehr viel Energie und Kraft freisetzen. Die Arbeit am Mindset zu stärken und durch Coaching zu unterstützen, ist ein wichtiger Baustein für die Selbstführung und damit auch für die Führung in SAFe®. Für »Leading in a Digital Age« ist dieses Thema eine zentrale Notwendigkeit.

Das Mindset bestimmt die Art und Weise, wie wir denken. Es gibt dem Denken die Richtung vor. In SAFe® sind zwei Denkschulen miteinander verbunden worden – Lean und Agile. Sie sind in vielen Bereichen sehr ähnlich, im Detail unterscheiden sie sich aber oft. Lean zielt auf die kontinuierliche Optimierung in der Praxis und die Ausrichtung auf den Kunden ab. Dieses Denken hilft besonders bei inkrementellen Verbesserungen.

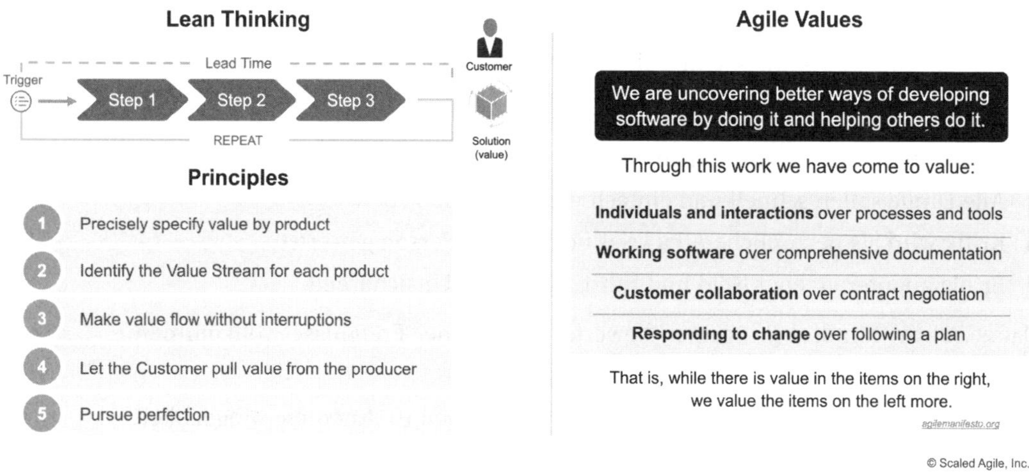

Abb. 3.6: Lean-Agile-Denken[28]

28 https://scaledagileframework.com/wp-content/uploads/2022/09/Lean-Agile-Leadership_F04.svg

Für disruptive Innovationen und grundsätzliche Veränderungen sind agile Ansätze und Teams oft stärker. Die beiden Denkweisen lassen sich nicht immer widerspruchsfrei miteinander verbinden. Teile von Agile könnte man aus der Lean-Perspektive als Verschwendung betrachten. Je nach Innovationsgrad des Kontextes und der Aufgabe ist mal das eine oder das andere Denken vorzuziehen. Auch hier braucht es viel Reflexion und Coaching für die Teams, um die Konzepte optimal zu nutzen und zu verinnerlichen.

Anti-Pattern »Das Alte loslassen«

Ein Unternehmen mit einer sehr ausgeprägten Vergangenheit in der Wasserfallentwicklung von Software führte SAFe® ein. Die ersten Ergebnisse waren sehr vielversprechend. Mit der Zeit wurde der Prozess immer weiter optimiert. Das Ziel war es, Fehler zu verhindern und Perfektion zu erreichen. Die gewählten Lösungen auf dem Weg zur Perfektion waren allesamt eine Einführung von zusätzlichen Planungsschritten und Abnahmen durch Zentralstellen. Es wurden immer mehr Qualitätskriterien an den Anforderungsartefakten ergänzt. Die Anforderungen zu erstellen, wurde immer aufwendiger. Es mussten immer mehr Genehmigungen eingeholt werden und die Ergebnisse und der Prozess mussten immer besser und aufwendiger reportet werden. Um Diskussionen und Verwirrung durch spät eingereichte, neue Anforderungen zu vermeiden, wurden Deadlines eingeführt, wann alles vorher final sein musste. Der Prozess wurde immer unbeweglicher und langsamer. Die Daten zum Flow und der Aufwand waren aber nicht verfügbar. Aus diesem Grund war es nicht möglich, die Konsequenzen dieser Entwicklung im Detail aufzuzeigen. Das Denken in klassischen Wasserfallkategorien hinter den Maßnahmen hatte zu einem Einführen der Wasserfallentwicklung durch die Hintertür geführt. Alle waren so sehr von der Richtigkeit dieser vielen kleinen Maßnahmen überzeugt, dass sie nicht hinterfragt wurden. Die Vertreter des neuen Denkens eines Lean-Agile Mindsets hatten keinen ausreichend starken Vertreter und die Institutionen, die die Maßnahmen einführten, waren nicht ausreichend mit dem neuen Mindset vertraut. Es dauerte sehr lange, das Denken hinter den Maßnahmen aufzuzeigen und das Thema Mindset in das Bewusstsein der Mitarbeiter zu bringen.

Kapitel 4

Value Streams und ARTs

4.1 Organisation entlang von Wertströmen

Eine Organisation entlang der Wertströme des Unternehmens hat das Ziel, gemeinsam kontinuierlich einen Mehrwert für den Kunden zu liefern. Durch die Organisation entlang der Wertströme minimieren sich die Übergaben und organisatorischen Grenzen, die diese Ergebnisse zu überwinden haben. Es wird leichter möglich, kontinuierlich kleine Ergebnisse zu liefern. Hierdurch entsteht ein kontinuierlicher Fluss. Der Mehrwert für den Kunden steht somit im Zentrum der Ausrichtung.

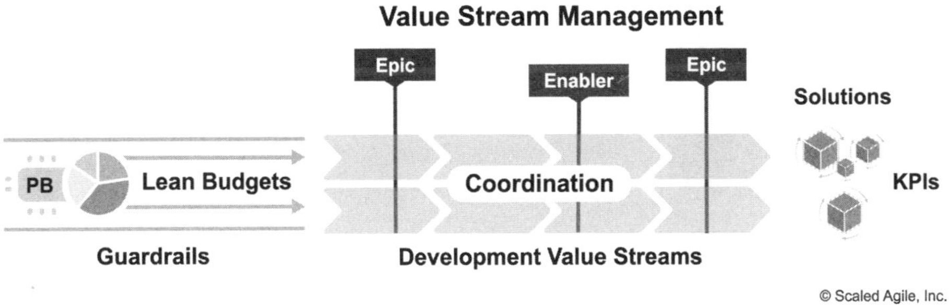

Abb. 4.1: Ausrichtung auf Wertströme[1]

Es gibt zwei verschiedene Arten von Wertströmen. Die erste sind die Organisations-Wertströme. Sie verlaufen entlang der Business-Prozesse. In dem dargestellten Beispiel handelt es sich um eine Kreditvergabe. Am Anfang des Prozesses steht der Kreditbedarf eines Kunden. Dieser wird über viele Sachbearbeiter hinweg geprüft und dann später umgesetzt. Das Ergebnis ist später eine Rückzahlung des bewilligten Darlehens mit Zinsen. Hier wird das Einkommen der Organisation generiert.

Die dunkelgrauen Boxen Abbildung 4.2 stellen verschiedene IT-Systeme dar, die den operativen Wertstrom unterstützen. Diese IT-Systeme müssen verändert werden, wenn die operativen Wertströme angepasst oder erweitert werden. Die Anpassung der IT-Systeme geschieht über sogenannte Entwicklungs-Wertströme.

1 https://scaledagileframework.com/wp-content/uploads/2022/11/Development_Value_Streams_F01.svg

Die ARTs werden entlang dieser Entwicklungs-Wertströme ausgerichtet. Entlang dieser Wertströme fließen die Softwarelösungen zum Endkunden. Die Aufnahme dieser beiden Wertströme ist der Anfang für die Ausrichtung von SAFe®.

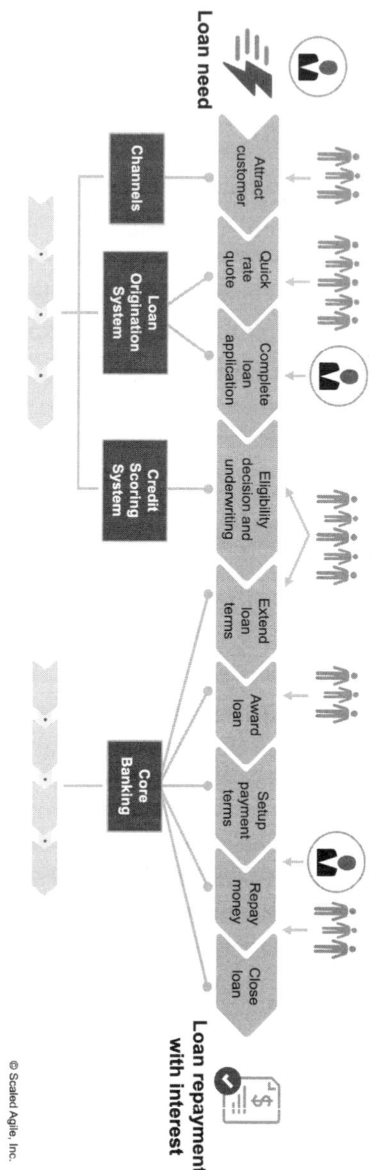

Abb. 4.2: Arten von Wertströmen[2]

2 https://scaledagileframework.com/wp-content/uploads/2022/11/Development_Value_Streams_F03.svg

4.2 Der Workshop zur Identifikation von Wertströmen

Der Workshop ist zentral für die Strukturierung der Prozessorganisation. Alle ARTs und Solution Trains leiten sich aus diesem initialen Workshop ab. Moderiert wird dieser Workshop von einem erfahrenen SPC aus dem LACE. Die Unternehmensleitung und wichtige Prozessvertreter nehmen daran teil.

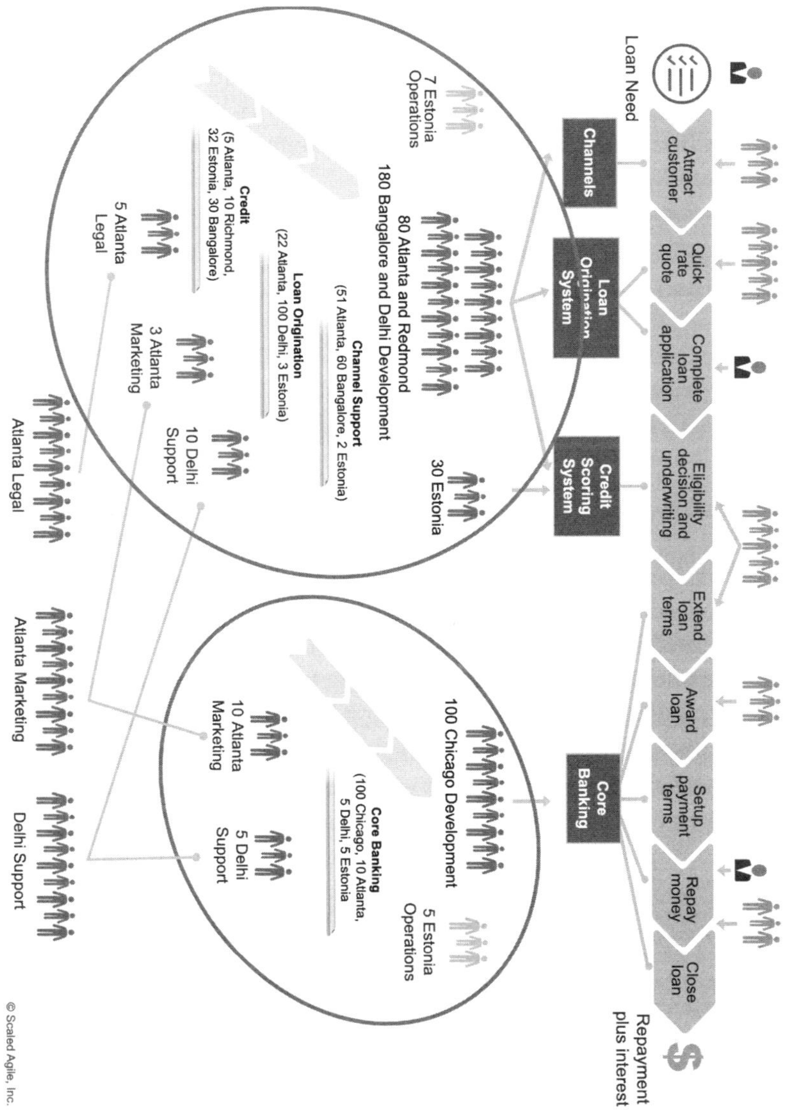

Abb. 4.3: Ergebnis eines Wertstrom-Identifikations-Workshops[3]

3 https://scaledagileframework.com/wp-content/uploads/2022/11/Organize_around_value_F13.svg

Der Ablauf des Workshops ist der folgende:

1. Als Erstes wird der operative Wertstrom aufgenommen.
2. Dann werden die unterstützenden IT-Systeme im operativen Wertstrom eingetragen.
3. Die Entwicklungswertströme werden identifiziert.
4. Die Topologie in der Entwicklung wird in ARTs und Solution Trains übersetzt.
5. Die Mitarbeiter aus den jeweiligen Einheiten werden den ARTs zugeordnet.

In der Beispielgrafik in Abbildung 4.3 ist ein Solution Train mit drei ARTs auf der linken Seite und einem ART auf der rechten Seite identifiziert worden. Es werden international verteilte Entwicklungsteams und Mitarbeiter aus den zentralen Businesseinheiten zugeordnet.

Idealerweise ist ein ART entlang des gesamten Wertstroms geschnitten. Dann können Funktionen von Anfang bis Ende von ihm umgesetzt werden. Das ist nicht immer möglich und sinnvoll. Deshalb gibt es verschiedene Typen von ARTs.

- Stream aligned ARTs: Dies ist der Idealfall, der entlang des Wertstroms ausgerichtet wird.
- Complicated Subsystem ARTs: Sie werden für komplexe Subsysteme verwendet. Die Experten um ein System herum bilden einen ART. Der Nachteil ist, dass mehr Übergaben und Schnittstellen entstehen.
- Plattform-ART: Ein Plattform-ART stellt anderen ARTs bestimmte Grundfunktionen zur Verfügung. Der Nachteil ist die Notwendigkeit einer zeitlichen Abstimmung.

In der Beispielgrafik sind in der Solution drei Complicated Subsystem ARTs links. Sie werden nach den IT-Systemen ausgerichtet und benannt. Jede neue Funktion entlang des Wertstroms muss durch alle drei ARTs. Um diesen Prozess zu koordinieren, wird ein Solution Train benötigt. Der linke ART ist ein Stream aligned ART. Er hat die Besonderheit, dass er nur ein System betreut. Hier fallen beide Typen zusammen; ein Solution Train wird hier nicht benötigt.

Im Value Stream Identification Workshop wird die zukünftige Topologie der Organisation bestimmt. Es ist durchaus möglich, dass dieser Workshop in der Praxis in mehrere Workshops geteilt ist. Das Ergebnis braucht das Commitment der Unternehmensführung. Der gesamte folgende Change der Organisation wird auf dieser Topologie aufgebaut.

Anti-Pattern »Zu viele Wertströme«

Die Einführung von SAFe® wurde in die einzelnen Bereiche des Unternehmens delegiert. Diese Bereiche waren von der Anzahl der Mitarbeiter her relativ groß und umfassten mehrere ARTs. Die Workshops zur Identifikation der Wertströme wurden in diesen Bereichen vorgenommen. Manche Bereiche führten sie mit mehreren weiteren Bereichen gemeinsam durch. Einen initialen Workshop gab es jedoch nicht. Viele dieser Bereiche waren für Systemkomponenten verantwortlich. Die Experten in diesen Bereichen hatten sehr viel Know-how zu diesen Komponenten und Technologien. Es war naheliegend, die ARTs nach diesen Systemen in Complicated Subsystem ARTs zu schneiden. Einige Bereiche versuchten sich mit Plattform-ARTs. Die Bereiche mit vielen Schnittstellen taten sich besonders schwer, sich eine Struktur zu geben. Sie standen gefühlt zwischen allen Stühlen und waren zu sehr von anderen Bereichen abhängig, als dass sie sich entlang eines Wertstroms ausrichten konnten. Da die anderen in ihrer Implementierung schneller waren, wurde auf diese Bereiche Druck aufgebaut, endlich nachzuziehen. In der Entwicklung war übergreifendes Arbeiten über mehrere ARTs später die Regel und nicht die Ausnahme. Eine Anforderung, die über mehrere dieser Systeme gehen musste, erforderte sehr viele Abstimmungen. Für diese Abstimmungen wurden dann Solution Trains eingeführt, diese sollten die gemeinsamen Lieferungen sicherstellen. Der Abstimmungsaufwand und der Frust aller Beteiligten stiegen an. Erst ein erneuter, diesmal initialer Value Stream Identification Workshop über alle Prozesse hinweg konnte den Gordischen Knoten auflösen.

4.3 Der Aufbau von ARTs

Wenn die Wertströme geschnitten und die ARTs definiert sind, müssen die Mitarbeiter zugeordnet werden. Dieser Schritt ist größer, als die meisten vermuten werden. In SAFe® werden alle Kompetenzen im ART gebündelt. Die »Silos«, in denen die Mitarbeiter bisher gearbeitet haben, werden eingerissen. Interdisziplinäre Zusammenarbeit entlang des Wertstroms ist ein zentrales Anliegen von SAFe®.

Dies betrifft besonders Stabsstellen, die in der Vergangenheit eher mit Richtlinienkompetenz ausgestattet waren, wie z.B. Security. Sie werden Bestandteil des ARTs und arbeiten aktiv an den Produkten. Auch das Business und der Betrieb sind Teil des ARTs. Die Kommunikation zwischen den Kompetenzen wird verkürzt; Probleme können auf operativer Ebene besprochen und gelöst werden. Der Flow der Ergebnisse beschleunigt sich.

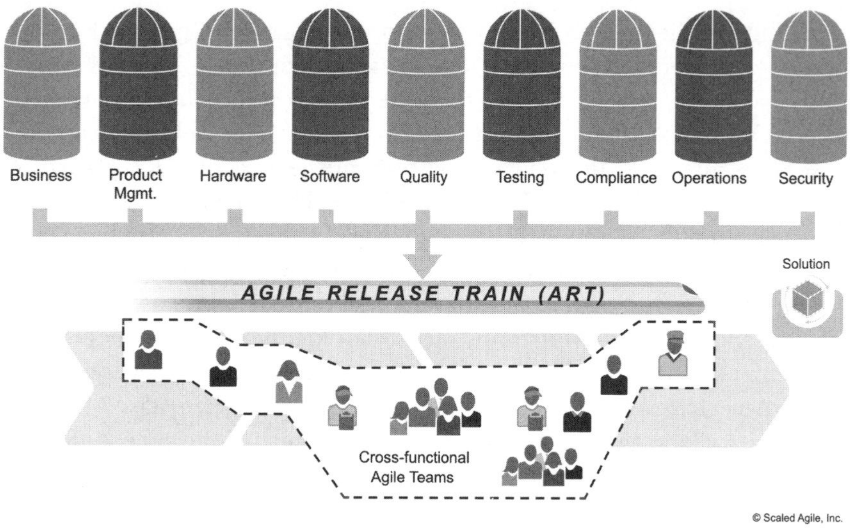

Abb. 4.4: Interdisziplinäre Zusammenarbeit in einem ART[4]

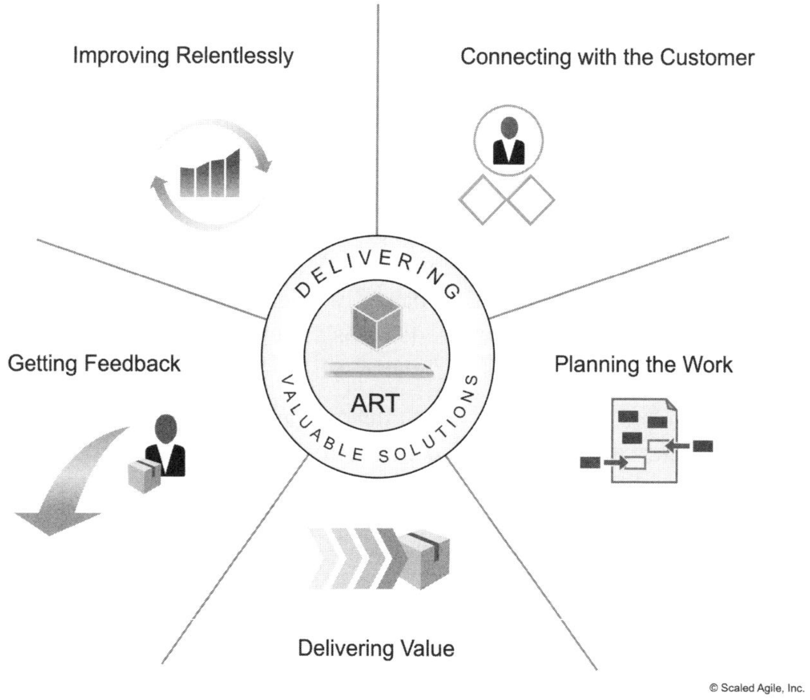

Abb. 4.5: Die Verantwortung eines ARTs[5]

4 https://scaledagileframework.com/wp-content/uploads/2022/10/Agile_Release_Train_F03-3.svg

5 https://scaledagileframework.com/wp-content/uploads/2022/10/Agile_Release_Train_F08.svg

Ein ART ist so etwas wie eine Werkstatt für Software. Hier werden keine Konzepte oder theoretischen Diskurse geführt. Hier wird hochwertige, kundenorientierte, benutzerfreundliche Software gefertigt. Die wichtigste Verantwortung eines ARTs ist es, kontinuierlich neue Produkte und damit Wert an den Kunden zu liefern. Diese werden in Sprints und PIs agil geplant. Die fertigen Produkte werden dem Endkunden zur Verfügung gestellt, damit er Feedback geben kann. Dieses Feedback ist eine wichtige Grundlage zum Lernen und Besser-Werden. Ebenso wird aus der eigenen Organisation z.B. von anderen Architekten und Projektverantwortlichen Feedback eingefordert, dieses wird zur kontinuierlichen Verbesserung benötigt.

4.4 Continuous Delivery Pipeline

Der Fokus auf die kontinuierliche Lieferung von Produkten wird technisch von der Continuous Delivery Pipeline realisiert. Sie ist das Fließband in Richtung Endkunde. Die Prozesse der Software-Bereitstellung und der Qualitätssicherung sind hochautomatisiert, nur so ist es möglich, viele kleine Lieferungen mit hoher Qualität und geringen Aufwand zu verbinden. Jeder ART hat eine solche Pipeline, über die er seine Ergebnisse an den Endkunden übergeben kann. Diese Pipeline wird vom ART betreut und weiterentwickelt.

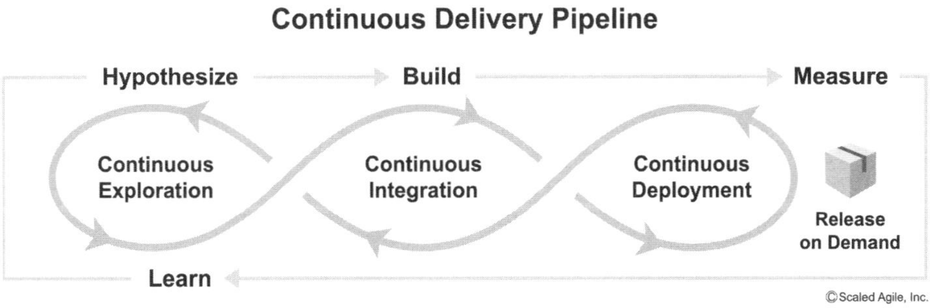

Abb. 4.6: Continuous Delivery Pipeline[6]

4.4.1 Continuous Exploration

Das Ziel des kontinuierlichen Experimentierens ist es, das Produkt zu verbessern und noch innovativer und kundenfreundlicher zu machen. Leider akzeptiert der Kunde nicht alles, was am Anfang nach einer guten Idee klingt. Alle Ideen werden in Hypothesen formuliert und am Kunden getestet. Genau das ist der Explorations-Teil. Erst wenn der Kunde durch Daten erkennbar die Lösung akzeptiert, wird sie wirklich gebaut. Dieser Innovationsprozess wird kontinuierlich mit dem Produktionsprozess verbunden. Auch mit technischen Lösungen für Entwicklung und Betrieb wird kontinuierlich experimentiert, um das Potenzial neuer Technologien zu evaluieren.

6 https://scaledagileframework.com/wp-content/uploads/2023/01/CDP_F02-2.svg

4.4.2 Continuous Integration

Die Lösungen aller Teams und ARTs werden kontinuierlich integriert. Dies ist notwendig, da komplexe Systeme nicht vollständig vorhersagbar sind. Nur durch das lauffähige getestete System kann sichergestellt werden, dass es wirklich tut, was es tun soll. Hier werden sehr viele Fehler sehr früh erkannt und können beseitigt werden.

4.4.3 Continuous Deployment

Die integrierten und getesteten Lösungen werden kontinuierlich auf alle notwendigen Systeme eingespielt. Ein Deployment bedeutet nicht zwangsläufig, dass die Software auch für den Endkunden sichtbar ist. In SAFe® wird erwartet, dass neue Funktionen durch sogenannte Feature Toggles ein- und ausgeschaltet werden können. Sie werden erst dann eingeschaltet, wenn das Business es wünscht. Technisch können sie im ausgeschalteten Zustand direkt nach der Fertigstellung und Qualitätssicherung schon auf alle Systeme eingespielt werden.

Jeder ART hat eine eigene Continuous Delivery Pipeline. Diese muss er entwickeln und betreiben. Technische Excellence stellt die Grundlage für die Nutzung von moderner Technologie dar. Jeder manuelle Eingriff behindert den Fluss der Auslieferung. Die Automatisierung aller Prozesse zum Testing und Deployment ist Teil der Arbeit der ARTs.

Anti-Pattern »Mix aus Agil und Klassisch«

Ein Unternehmen stellte es den Bereichen frei, ob sie agil oder klassisch entwickeln wollten. Je nach Aufgabe, Präferenz und Dienstleister entscheidet sich ungefähr die Hälfte der Teams für agiles Arbeiten. Diese Teams versuchten, über gemeinsame Lieferprozesse eine Continuous Delivery Pipeline aufzubauen. Mit ihrer Hilfe sollte am Ende jedes Sprints ein Ergebnis auf das Testsystem gespielt werden. Die Systeme waren leider nicht End2End verfügbar, weil die Kette immer wieder durch die klassisch arbeitenden Projekte unterbrochen war. Viele Schnittstellen mussten über prototypische Interfaces simuliert werden. Eine wirkliche System-Demo war nur im Ausnahmefall möglich. Gemeinsame Endabnahmen waren erst möglich, nachdem alle Entwicklungen abgeschlossen waren. Dies war in der Regel erst sehr spät, weil die Wasserfall-Lieferungen am Ende eintrafen. Die in diesen Endabnahmen gefundenen Fehler konnten von den klassisch arbeitenden Bereichen oft nicht mehr termingerecht korrigiert werden. Dies führte dazu, dass die agilen Teams über Workarounds die Fehler von anderen Teams fixen mussten. Diese Fixes konnten sie schnell in den Systemen bereitstellen. Dies beschleunigte den Gesamtprozess und war für das Gesamtsystem durchaus sinnvoll. Der Nachteil war jedoch, dass diese Fixes dann später nach einer wirklichen Lösung wieder ausgebaut werden mussten. All dies führte zu erheblichem Frust bei den agil arbeitenden Teams.

4.5 DevOps

Die Continuous Delivery Pipeline ist auch strukturgebend für den DevOps-Ansatz in SAFe®. Sie verbindet die Entwicklungsteams mit den Systemumgebungen. In der Grafik in Abbildung 4.7 ist sie als dunkelgrauer Kreis dargestellt. Als Ergebnis können die Entwickler idealerweise selbst entscheiden, welche neu entwickelte Funktion sie auf einem System einspielen wollen. Qualitätssicherung und Tests werden dann automatisiert zusammen mit dem Transport ausgeführt. Die Pipeline ist in der Verantwortung der Developer und der Operations-Mitarbeiter. DevOps ist in SAFe® eine Kultur der geteilten Verantwortung für das Produkt und den Betrieb.

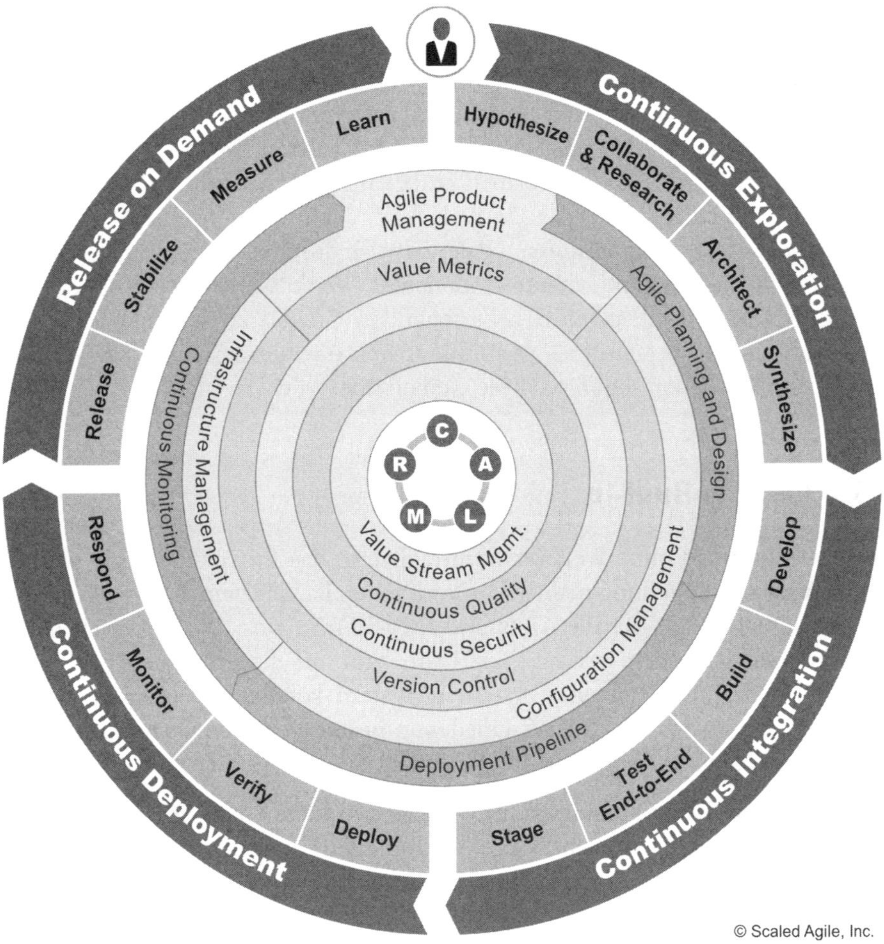

Abb. 4.7: Der CALMR-Ansatz zu DevOps[7]

7 https://scaledagileframework.com/wp-content/uploads/2023/01/DevSecOps_Keystone_CDP.svg

Die Abkürzung CALMR steht für Culture, Automation, Lean, Measurement und Recovery. Diese Abkürzung beschreibt die Elemente der gemeinsamen DevOps-Kultur. In der Grafik sind die Arbeitsfelder, auf denen diese Kultur wichtig ist, dargestellt. Alle diese Arbeitsfelder sind hilfreich, um kontinuierlich in hoher Qualität Produkte an den Kunden liefern zu können. Sie sind die technische Grundvoraussetzung für den Flow.

Anti-Pattern »DevOps nicht integrieren«

Um die Einführung von agilem Arbeiten zu beschleunigen, hat ein Unternehmen neben einer SAFe®-Initiative gleichzeitig eine DevOps-Initiative gestartet. Diese DevOps-Initiative wurde im Betrieb angesiedelt und hatte einen sehr starken technischen Fokus. Die beiden Initiativen wurden getrennt voneinander gestartet und auch gemanagt. Dies führte dazu, dass in der SAFe®-Einführung den DevOps-Elementen wenig Beachtung geschenkt wurde. Man wollte diesen Teil nicht doppelt machen und dann später integrieren. Der technische Fokus der DevOps-Initiative konnte relativ zeitnah umgesetzt werden. Die Initiative wurde erfolgreich abgeschlossen. In SAFe® wurden die technischen Möglichkeiten dankbar entgegengenommen. Leider hat sich durch die Trennung der Arbeit niemand für eine gemeinsame Kultur der Verantwortung engagiert. Die getrennten Initiativen haben den bestehenden Graben zwischen Betrieb und Entwicklung eher verstärkt als vermindert. Erst über gemeinsame Self-Assessments und Workshops konnten diese Gräben überbrückt werden.

4.6 Quality-Built-In

Qualität kann nicht ohne Weiteres nachträglich in das Produkt gebracht werden, wenn sie bei der Erstellung nicht schon vorhanden ist. Die gemeinsame Verpflichtung zur Qualität gilt für alle ARTs und für alle Domains. Dies ist in skalierten Umgebungen besonders wichtig. Ein Team baut auf die Ergebnisse von vielen anderen Teams auf. Probleme in einem System können sich negativ auf das Gesamtsystem auswirken. Die verschiedenen Bestandteile von Qualitätspraktiken nach Domain sind in Abbildung 4.8 dargestellt.

Die gemeinsamen Basispraktiken für Qualität beinhalten das Lernen am System. Das Ziel ist es, Fehler in allen Systembestandteilen möglichst früh zu erkennen. Dies hilft, die richtigen Konzepte und Lösungen auszuwählen. Die Praktiken im Detail sind:

- Shift Learning Left – Möglichst frühzeitiges Lernen
- Pairing and Peer Review – Vier-Augen-Prinzip
- Collective Ownership – Gemeinsame Verantwortung für die Produkte

- T-Shaped Skills – Jeder Mitarbeiter ist Experte in einer Domain, hat aber auch gutes Basiswissen in den anderen Domains.
- Artefact Standards – Gemeinsame Standards für Lösungen
- Definition of Done – Aufeinander abgestimmte Kriterien für Vollständigkeit und Lösungen
- Workflow Automation – Die Automatisierung von Workflows hilft, die Ausführung zu standardisieren.

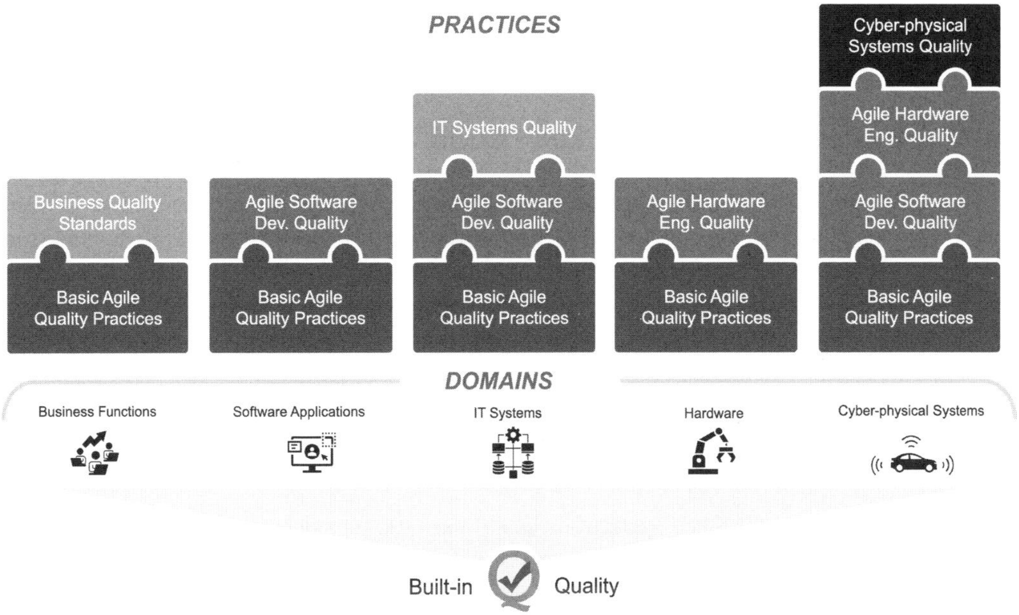

Abb. 4.8: Realisierung von Quality-Built-In[8]

Darüber hinaus gibt es noch die Spezialpraktiken in den jeweiligen Domänen. Die Praktiken für Hardware-Qualität werden nur in der Hardware-Domain und bei cyberphysischen Systemen benötigt. Für alle diese Praktiken gibt es in SAFe®-Best-Practice-Sammlungen für den Einstieg.[9]

Anti-Pattern »Externe Dienstleister«

In einem Konzern wurde die Entwicklung an externe Dienstleister outgesourct. Die Qualitätssicherung war intern und steuerte die Dienstleister in Qualitätsaspekten. Durch die Einführung von SAFe® wurde die Entwicklung der Lösungen auf Agile umgestellt. Die Teams durften jedoch aufgrund von Arbeitnehmer-

8 https://scaledagileframework.com/wp-content/uploads/2022/10/BiQ_F01-1.svg
9 https://scaledagileframework.com/built-In-quality/

Überlassung nicht gemischt werden. Es wurde stattdessen versucht, die Kommunikation möglichst eng zu halten und in den Systemen möglichst transparent zu arbeiten. Dies gelang durch die große Anzahl von verschiedenen Dienstleistern und Systemen zum Nachhalten der Daten jedoch nicht so wie gewünscht. Es gab kein vollständiges Bild, was alles geliefert werden sollte. Sehr viel Software konnte gar nicht oder nur sehr spät getestet werden. Viele Fehler wurden erst spät gefunden und führten zu einer Verzögerung der Auslieferung. Erst durch Einstellung von internen Entwicklern an den besonders kritischen Stellen konnte dieses Problem Schritt für Schritt aufgelöst werden. (Dieses Beispiel wird nach dem nächsten Absatz weitergeführt.)

4.7 Abnahmen und Lean QMS

Damit der Wert von der ersten Idee bis zur Umsetzung beim Endkunden ankommen kann, gibt es in vielen Unternehmen regulatorische Hürden. Es müssen bestimmte Zertifikate oder Prüfungen durchgeführt werden. Dies ist besonders bei großen und komplexen Produkten eine große Herausforderung. In den bisherigen Prozessen sind diese Abnahmen immer am Ende für das ganze Produkt erstellt worden. Dies erzeugt großen Aufwand und führt dazu, dass alle Neuerungen immer wieder auf einen Abnahmetermin warten müssen. Die Grundidee vom kontinuierlichen Fluss von neuen Funktionen würde an dieser Stelle aufgehalten werden.

Zusammen mit SAFe® macht diese Art der Qualitätssicherung keinen Sinn. Auch dieser letzte Schritt in der Prozesskette muss inkrementell erfolgen. Auf diese Weise werden auch in diesem Bereich Fehler frühzeitig erkannt und können mit geringem Aufwand korrigiert werden. Für sehr große und komplexe Produkte kann diese Umstellung erhebliche Prozess- und interne Systemveränderungen nach sich ziehen. Das interdisziplinäre Arbeiten in den Teams gilt auch für die Abnahme. Sie werden Teil des Prozesses der Umsetzung.

Anti-Pattern »Abnahmeprozesse«

(Fortsetzung des Beispiel-Patterns »Quality-Built-In«): Die interne Qualitätsabteilung führt die finale Qualitätssicherung erst am Ende der Entwicklung durch. Auch die Integration von allen Systemen wurde erst am Ende durchgeführt. Es gab Releases, bei denen alles wie erwartet funktionierte. Andere Releases führten zu erheblichen Problemen in der Integration und im nachfolgenden Test. Die vom Markt geforderten Zeiten konnten alle nicht eingehalten werden. Das Risiko von Problemen bei Releases führte dazu, dass alle versuchten, sich über möglichst viele Zeitpuffer abzusichern. Die Entwicklungszeiten wurden immer kürzer und die gelieferte Qualität immer schlechter. Durch die Einführung eines Lean QMS, in dem schon frühzeitig eine Prüfung von gelieferten Funktionen möglich war, entspannte sich die Situation. Der Aufwand für die Einführung und die Übertragung aller notwendigen Daten in das Lean QMS wurde erheblich unterschätzt und verzögerte deren Einführung.

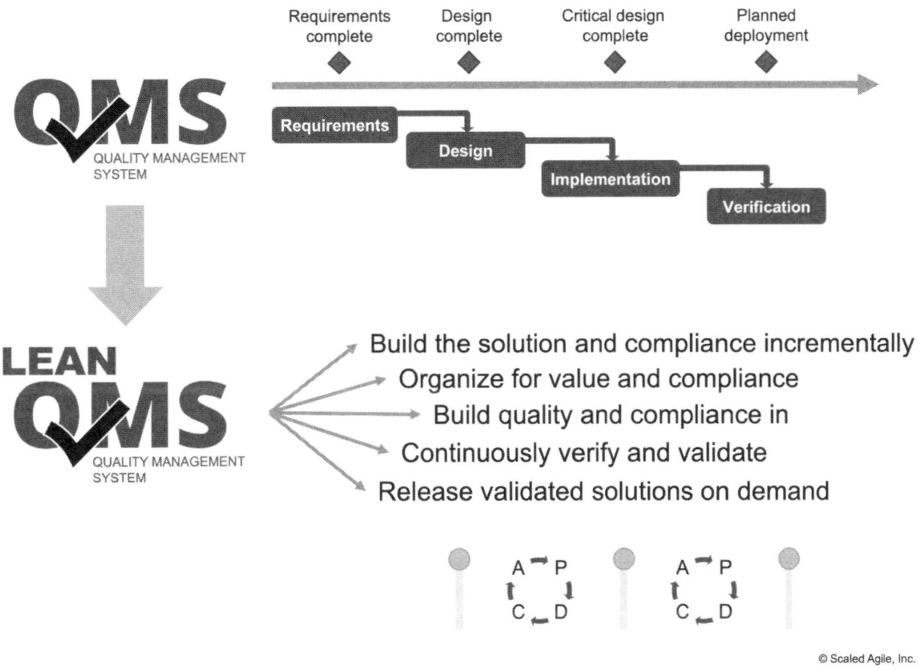

Abb. 4.9: Lean-Quality-Management-System[10]

4.8 Wertbasierte Prioritäten

Nachdem die ARTs entlang der Wertströme geschnitten sind, ist es wichtig zu verstehen, wie der Wert ausgewählt wird. Das Ziel dieser Auswahl ist es, den Wert für das Unternehmen maximal hochzuhalten. Dazu werden die Kosten einer Nichtumsetzung betrachtet. Die Funktion, die am teuersten für das Unternehmen wäre, wenn sie nicht umgesetzt wird, wird folglich zuerst umgesetzt. Dies nennt sich Cost of Delay.

10 https://scaledagileframework.com/wp-content/uploads/2023/01/Enterprise_Solution_Delivery_F11.svg

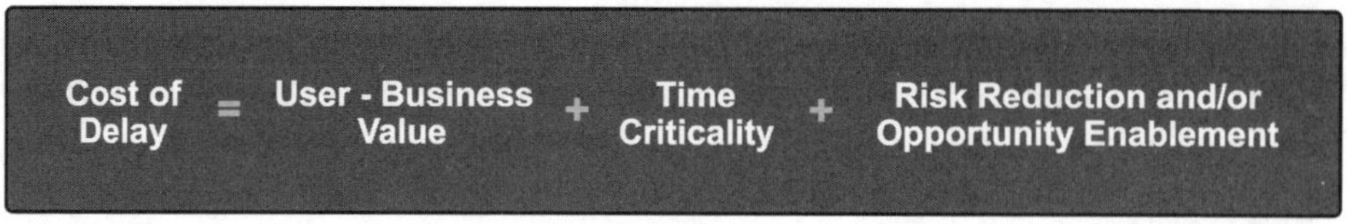

Abb. 4.10: Formel für die Berechnung der Priorität[11]

Die Bereiche, die für die Betrachtung der Wirkung herangezogen werden, sind die folgenden:

- Kunden- und Geschäftswert – hier wird der Wert für den Kunden und für das Unternehmen betrachtet.
- Zeitkritisch – dieser Wert wird nur verwendet, wenn besondere Umstände vorliegen, wie Marktrhythmen oder andere Zeitfenster, die sich schließen.
- Verringerung von Risiken

User-Business Value	Time Criticality	Risk Reduction and/or Opportunity Enablement
What is the relative value to the Customer or business?	**How does user/business value decay over time?**	**What else does this do for our business?**
• Do our users prefer this over that? • What is the revenue impact on our business? • Is there a potential penalty or other negative effects if we delay?	• Is there a fixed deadline? • Will they wait for us or move to another Solution? • What is the current effect on Customer satisfaction?	• Reduce the risk of this or future delivery? • Is there value in the information we will receive? • Enable new business opportunities?

© Scaled Agile, Inc.

Abb. 4.11: Für die Priorisierung relevante Bereiche[12]

Die Summe aus den Werten wird durch den geschätzten Aufwand geteilt, das Ergebnis wird als WSJF bezeichnet, was man in etwa mit »gewichteter, kleinster Job« übersetzen könnte. Eine kleine Änderung wird höher priorisiert als etwas, das einen größeren Effekt hätte, aber viel mehr Aufwand in der Umsetzung benötigt. In der Praxis braucht es Übung, diese Werte konsequent zu erstellen und zu nutzen. Sie werden als relative Werte in jedem Wertstrom benötigt. Die Priorität

11 https://scaledagileframework.com/wp-content/uploads/2022/12/WSJF_F02-1.svg
12 https://scaledagileframework.com/wp-content/uploads/2022/12/WSJF_F02-1.svg

bestimmt die Reihenfolge der Umsetzung. Termine sind Teil der Priorität. Sie werden nicht gesondert betrachtet. Es gibt keine fixen Termine für die Umsetzung. Das Pull-Prinzip wird konsequent eingehalten.

Anti-Pattern »WSJF-Standard«

Ein Konzern mit einem sehr großen und komplexen Produkt hatte immer wieder das Problem, dass Funktionen aus verschiedenen Wertströmen Abhängigkeiten voneinander hatten. Um entscheiden zu können, welche der Funktionen höher priorisiert war, stimmten die WSJF-Werte nicht überein. Die WSJF-Werte wurden in den jeweiligen ARTs relativ ermittelt. Diese Werte gaben keine ausreichende Sicherheit für eine Entscheidung. In der Folge entstanden große Diskussionskreise, die diskutierten, welche Anforderungen vorzuziehen seien. Diese Entscheidungen dauerten sehr lange und wurden oft später wieder geändert. Sie erzeugten erheblichen Aufwand und Unsicherheit für die umsetzenden Teams, worauf sie sich nun vorbereiten sollten. Man versuchte das Problem zu lösen, indem man die WSJF-Werte übergreifend standardisierte. So wäre es möglich gewesen, die Diskussionen zu vermeiden. Leider war dieser Standard durchaus fragwürdig und wurde von keiner der Parteien wirklich akzeptiert. Die Diskussionen blieben und der Aufwand für die Umsetzung der standardisierten WSJF-Werte war erheblich. Erst als die Wertströme entsprechend den Abhängigkeiten angepasst wurden, entspannte sich die Situation etwas. Die standardisierten WSJF wurden später wieder abgeschafft. Sie verfehlten den von ihnen erwarteten Effekt deutlich und nachweisbar.

Kapitel 5

Planung und Start von ARTs

5.1 Die Planung der Umsetzung

Der Bauplan für die Struktur der Prozessorganisation ist das Ergebnis des Value Stream Identification Workshops. Der nächste Schritt ist der Aufbau der ARTs, Solution Trains und Portfolios entlang dieser Wertströme. Besondere Bedeutung hat der erste ART. Er ist aus mehreren Perspektiven besonders wichtig. Für die Transformation und für die Motivation der Mitarbeiter ist wichtig, dass der erste ART erfolgreich ist und gute Ergebnisse liefert. Dies zeigt auf, dass das Unternehmen sich in die richtige Richtung entwickelt. Den ersten ARTs kommt darüber hinaus noch eine weitere Bedeutung zu. Sie sind wichtig, um die Prozesse und Richtlinien der Organisation im Detail mit den SAFe®-Rollen und -Prozessen zu harmonisieren. Diese Prozesse müssen dann durch IT-Systeme für agiles Projektmanagement wie zum Beispiel Jira unterstützt werden. Auch hier ist zusätzlich Aufbau- und Konzeptionsarbeit notwendig.

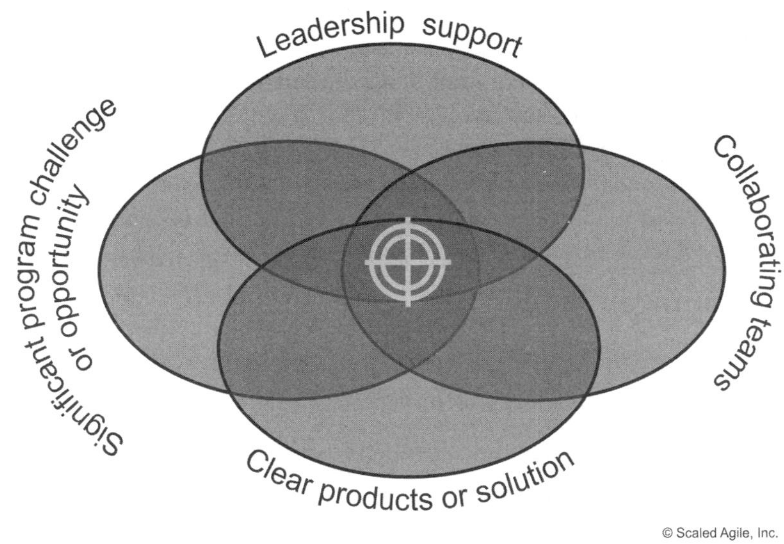

Abb. 5.1: Auswahlkriterien für den ersten ART[1]

1 https://scaledagileframework.com/wp-content/uploads/2023/01/Create_the_Implementation_Plan_F02_SOURCE.svg

Die Kriterien für die Auswahl des ersten ARTs sind die folgenden:

- Wo im Unternehmen gibt es klare, gut definierte Produkte?
  Diese sind hilfreich, damit bereits mit einem gut ausgeprägten Produktfokus in die Entwicklung gestartet werden kann.
- Wo gibt es signifikante strategische Herausforderungen für das Unternehmen?
  Da es noch kein Portfolio für die Umsetzung der Strategie gibt, ist es notwendig, ein wichtiges strategisches Thema zu bestimmen, damit der Mehrwert für das Unternehmen maximal ist. Dies hilft auch bei der Motivation.
- Wo gibt es gut zusammenarbeitende Teams?
  Idealerweise haben die Teams schon zwei Jahre Erfahrung mit Scrum oder Kanban. Neben der guten Zusammenarbeit sind auch technische Excellence und ein hoher Automatisierungsgrad in der Bereitstellung und in der Qualitätssicherung hilfreich für die Zusammenarbeit.
- Wo ist gute Unterstützung durch das Management zu erwarten?
  Beim Aufsetzen des ersten ARTs sind besonders viele Herausforderungen und Diskussionen zu erwarten. Hier hilft es, guten Support durch das Management zu bekommen. Das Management hat auf diese Weise die Möglichkeit, Lean-Agile Leadership zu praktizieren. Dies hilft für die Transformation der Führung.

Der ART, der in der Summe der Merkmale am höchsten liegt, sollte der erste ART für den Start sein. Entlang des Wertstroms, in dem der erste ART sich befindet, wird dann SAFe® weiter implementiert. Danach wird der ART, der am zweithöchsten im Ranking liegt, begonnen, und wieder wird der Wertstrom von Anfang bis Ende umgesetzt. Die Transformation wird vom LACE-Team gesteuert. Die Anzahl der ARTs, die gleichzeitig gestartet werden können, richtet sich nach den Kapazitäten für Schulung und Coaching im Unternehmen. Diese Anzahl wird durch ein Work In Progress Limit auf dem Transformation Board begrenzt.

5.2 Vorbereitungen für den ART

Für den ersten ART wird zum Start das ART-Canvas ausgefüllt. Dieser Steckbrief beschreibt den ART, seine Aufgabe und sein näheres Umfeld.

In dem Übersichtsformular werden die folgenden Inhalte festgehalten:

- Das Value Statement beschreibt den Wertbeitrag für den Kunden.
- Business-Verantwortliche, wichtige Kunden, das Team und seine Rollen sowie weitere Stakeholder werden dokumentiert.
- Erfolgsfaktoren des ARTs
- Technische Umgebung

- Betreute technische Lösungen
- Entwicklungs- und operative Wertströme

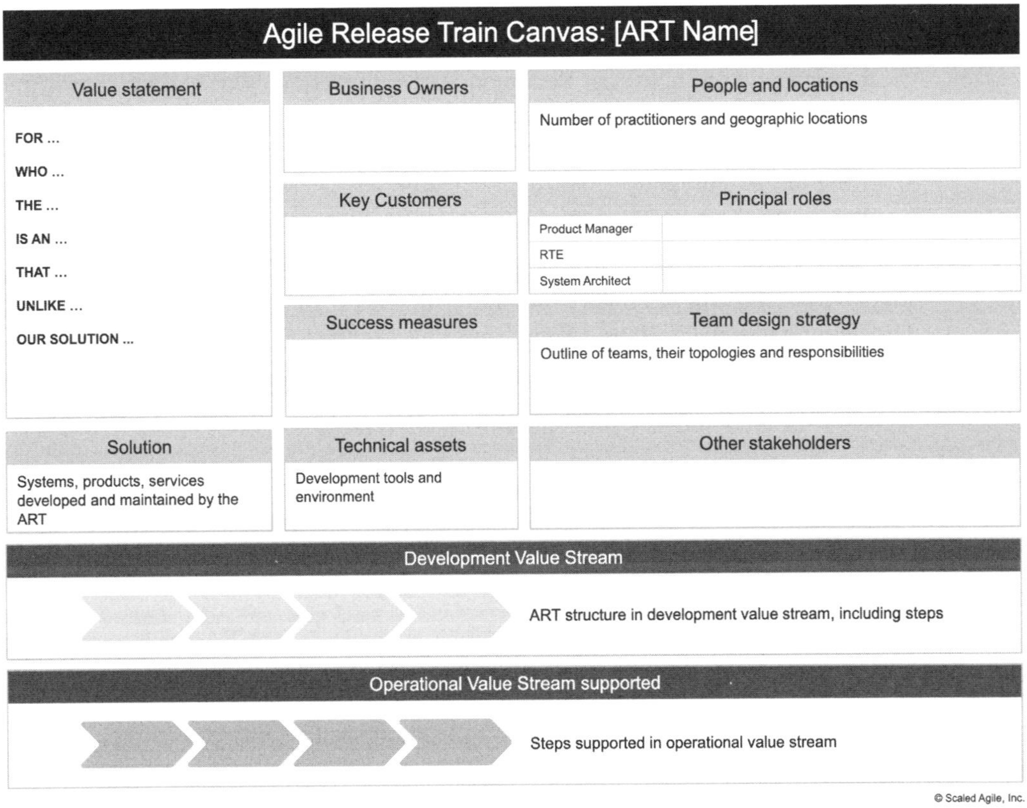

Abb. 5.2: Agile Release Train Canvas[2]

Diese erste Beschreibung des ARTs ist für die Teams im ART selbst zur Klärung hilfreich. Auch andere Teams können daraus schnell einen Überblick über das Aufgabenfeld und den Kontext gewinnen. Das Canvas wird gemeinsam mit den zentralen Rollen des ARTs erstellt. Dies sind der RTE, das Product Management und der System Architect. Diese drei Rollen zusammen sind auf ART-Ebene für die Ergebnisse verantwortlich.

- Der RTE (Release Train Engineer) ist verantwortlich für den Lieferprozess und die Einhaltung der SAFe®-Standards.

2 https://scaledagileframework.com/wp-content/uploads/2023/02/Prepare-for-ART-Launch_F01.svg

- Das Product Management kann aus einer oder mehreren Personen bestehen. Es ist für das oder die Produkte des ARTs inhaltlich verantwortlich. Dieses Team erstellt das Backlog der Features. Ihre Priorisierung bestimmt die Reihenfolge der Umsetzung.
- Die Rolle System Architect kann je nach Breite der technologischen Themenfelder auch von mehreren Personen ausgeübt werden. Die Rolle verantwortet die Architektur der Produkte. Die Architektur wird agil von den Teams umgesetzt. Diese Rolle hilft den Teams bei der Umsetzung der Architektur. Die Planung der Architektur erfolgt über Capabilities. Diese werden zusammen mit den Features im Backlog des ARTs gesammelt und gemeinsam priorisiert.

Vor dem Starten des ARTs ist das Erstellen eines initialen Backlogs eine notwendige Voraussetzung. Der ART beginnt nach dem PI Planning direkt mit der Umsetzung dieses Backlogs.

Die organisatorische Planung zum Aufsetzen des ARTs wird vom LACE-Team gemeinsam mit dem RTE durchgeführt. Hierzu gibt es in SAFe® eine Checkliste.

Item	Considerations
Planning scope and context	Is the scope (product, system, technology domains) of the planning process understood? Have we identified our Value Stream(s) and Agile Release Train(s)?
Release Train Engineer	Have we identified the Release Train Engineer? Do they understand the scope of the role in preparing the organization and preparing for the PI Planning event?
Planning timeframe, iteration and PI cadence	Have we identified the PI Planning dates, the iteration cadence, and the PI cadence?
Agile Teams (SM/TCs, Pos)	Does each team have an identified Scrum Master/Team Coach and Product Owner?
Team makeup/commitment	Have we identified cross-functional Agile Teams? Are there dedicated team members on every team?
Agile Team attendance	Are all team members attending PI Planning, whether in person or involved remotely?
Executive, Business Owner	Do we know who will set and present the business context and strategy? Do we know who will assign business value and accept the plans?
Business alignment	Is there reasonable agreement on priorities amongst the Business Owners and Product Management?
Architecture Vision and Development Practices	Do we know who will present the architecture vision and required development practice?
Product/Solution Vision and ART Backlog	Is there a clear vision of what we are building, at least over the next few PIs? Have we identified the top 10 or so Features that are the subject of the first PI?

Abb. 5.3: Checkliste für den Start eines ARTs[3]

3 https://scaledagileframework.com/wp-content/uploads/2023/02/Prepare_for_ART_Launch_F03.svg

Diese Checkliste stellt sicher, dass alle Teilnehmer des ARTs die gemeinsame Aufgabe und Arbeitsweise gut verstanden haben. Eine Business- und Architekturvision wird auf dem ersten PI Planning vorgestellt.

Neben der inhaltlichen Klärung werden die wichtigsten Rollen in der Vorbereitungsphase geschult. Dies sind:

- Leading SAFe® für wichtige Stakeholder, Business Owner und die Manager der Teams. Hier wird das Grundverständnis für die neue Arbeitsweise aufgebaut und das Agile Leadership erklärt.
- SAFe® Product Owner/Product Manager für das Produktmanagement-Team und alle Product Owner der Scrum-Teams. Hier wird auf das Arbeiten mit Produkten und Backlogs in SAFe® fokussiert.
- SAFe® Scrum Master für die Scrum Master aller Teams. Sie lernen, wie sie ihre Teams und den Gesamtprozess unterstützen können.
- SAFe® for Architects für alle Systemarchitekten. Sie lernen, wie agile Architekturen mit SAFe® umgesetzt werden.
- Die Rolle des RTEs sollte mit einem erfahrenen RTE besetzt werden. Wenn keiner zur Verfügung steht, muss dieser selbstverständlich auch geschult werden. Zusätzlich wird ein neuer RTE einen erfahrenen SPC an seiner Seite benötigen.

Anti-Pattern »Nutzung von Externen«

Ein Unternehmen, das auf sehr große externe Unterstützung für die Einführung von SAFe® angewiesen war, delegierte alle Schritte der Vorbereitung für den Start eines ARTs an die jeweiligen externen RTEs. Interne RTEs gab es nicht und wurden auch nicht ausgebildet. Die neu ausgewählten externen Mitarbeiter standen im Konzern selbst vor der großen Herausforderung, den unübersichtlichen Kontext kennenzulernen. Sie versuchten, aus ihren Teams herauszubekommen, wie genau der Kontext und der Stand der Vorbereitung waren. Viele Mitarbeiter waren von den vielen Fragen irritiert und erwarteten ihrerseits Antworten auf ihre Fragen, wie es weitergehen sollte. Die aufkommende Irritation zog sich durch den ganzen Startprozess hindurch. Viele Themen wurden übersehen und waren noch nicht ausreichend geklärt, um starten zu können. Darüber hinaus wurde das erste PI Planning virtuell durchgeführt. Die emotionalen Bedürfnisse der Mitarbeiter fanden in diesem Setting keinen entsprechenden Raum für eine Thematisierung. Der Start von SAFe® wurde als frustrierend und chaotisch erlebt. Diese Zuschreibung konnte nur sehr schwer wieder aufgelöst werden.

5.3 Teamschulung und ART-Start

Die Schulung der Teams ist nicht Teil der Vorbereitung, sondern wird mit der ersten Planung, dem PI Planning, zusammen geplant. In dieser Schulung wird der ganze ART gemeinsam geschult. Alle Teamrollen und ART-Rollen sind anwesend. Diese Schulung hat neben der Vermittlung von SAFe® die Funktion des Teambuildings.

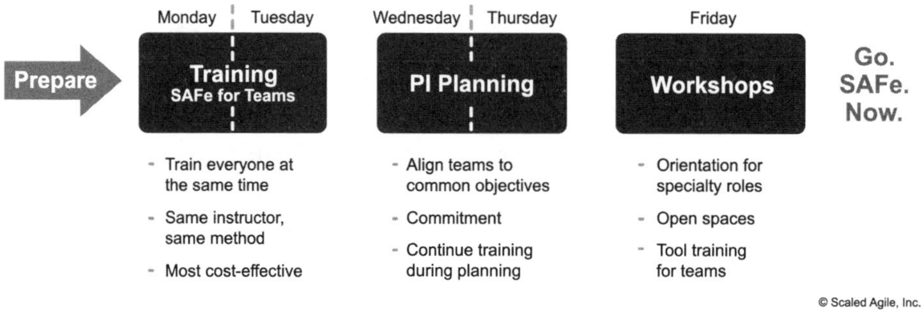

Abb. 5.4: Ablauf des Starts[4]

Eine exemplarische Agenda für die erste Woche könnte diesem Schema folgen. Direkt an die SAFe®-for-Teams-Schulung schließt sich das PI Planning an. Möglicherweise gibt es noch weitere Themen, die relevant für Workshops und Trainings sind. Diese sind optional. Direkt nach dem PI Planning beginnt das Product Increment, bestehend aus fünf zweiwöchigen Sprints. Hier werden die im PI Planning geplanten Themen umgesetzt.

Das PI Planning dauert meistens zwei Tage. Es ist auch möglich, das PI Planning virtuell abzuhalten. Dies ist jedoch für das erste PI Planning der Teams nicht empfehlenswert. Gemeinsam vor Ort zu sein und die anderen Teams und Rollen real zu erleben, hilft, das Potenzial von SAFe® besser zu begreifen. Teambuilding und Teamspirit lassen sich nur sehr bedingt virtuell verwirklichen. Diese Herausforderung kann man später nach einigen in Präsenz durchgeführten Plannings immer noch angehen.

4 https://scaledagileframework.com/wp-content/uploads/2022/12/Train_teams_launch_ARTs_F01.svg

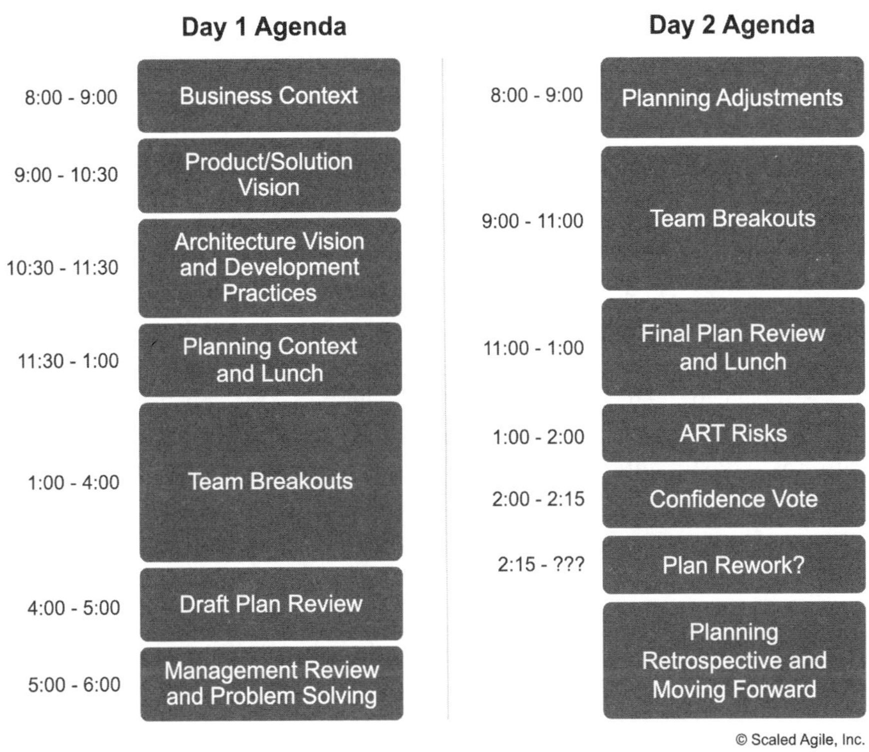

Abb. 5.5: Ablauf des PI Plannings[5]

Die Standard-Agenda eines PI Plannings enthält die folgenden Tagesordnungspunkte:

- Am Vormittag des ersten Tages stellen die Rollen auf ART-Ebene den Hintergrund und den Ablauf des Plannings vor.
- In den Team-Breakouts erstellen die Teams ihren Plan für die nächsten fünf Sprints. Dabei werden nur vier der fünf Sprints mit Features aus dem Backlog gefüllt. Der fünfte Sprint nennt sich Innovation und Planning Sprint und ist für Innovationen reserviert. Er bleibt vorerst leer.
- Am Ende des ersten Tages werden die ersten Planungsdetails präsentiert und aufkommende offene Fragen und Probleme werden im Management Review geklärt. Aus den Entscheidungen kann die Notwendigkeit entstehen, dass die Pläne der Teams angepasst werden müssen.

5 https://scaledagileframework.com/wp-content/uploads/2023/03/PI_Planning_F02-1.svg

- Diese Planungsanpassungen werden am Morgen des nächsten Tages präsentiert.
- Die Teams beenden die Planung und stellen die finalen Pläne und die Risiken der Umsetzung vor.
- Für die Risiken werden Owner für die Lösung bestimmt.
- Im folgenden Confidence Vote stimmen alle Mitarbeiter des ARTs darüber ab, wie groß ihr Vertrauen ist, dass der Plan auch wirklich umsetzbar ist.
- Wenn dieses Vertrauen sehr gering ist, muss die Planung um die letzte Breakout Session verlängert werden.

Am Ende des PI Plannings hat jedes Team einen Plan, welches Feature es in welcher Reihenfolge umsetzen will. Neben der Planung der eigenen Arbeit ist die Notwendigkeit der Zusammenarbeit mit anderen Teams transparent geworden. Die Abhängigkeiten zu den Entwicklungen der anderen Teams werden im Program Board dokumentiert.

Auf diesem Board werden die geplante Fertigstellung aller Features und die Abhängigkeit zu anderen Teams dargestellt. Diese initiale Planung wird Sprint für Sprint beobachtet und, wenn nötig, angepasst. Sie ist ein zentrales Hilfsmittel, um im ART gemeinsam Ergebnisse zu liefern und Transparenz zu erzeugen. Für das erste PI Planning ist ein physisches Board hilfreich. Später kann man versuchen, es virtuell einfacher verfügbar zu machen. Die Erfahrung hat hier gezeigt, dass die meisten virtuellen Tools nicht in der Lage sind, die Komplexität dieses Boards adäquat abzubilden.

Anti-Pattern »Zeitdruck«

»Wir sind spät dran, lass uns anfangen« – Die ersten ARTs hatten mehr Zeit benötigt als erwartet. Die Transformation hatte einen klaren Termin, wann sie abgeschlossen sein musste, und ein Budget, was sich dem Ende zuneigte. Auf die ARTs, die später starten sollten, baute diese Situation einen erheblichen Druck auf, möglichst schnell anzufangen. Durch den Einsatz vieler externer Dienstleister gab es eine gewisse Unklarheit, wer die Kosten für die SAFe®-Schulungen übernehmen sollte. Viele Mitarbeiter hatten auch schon eine Schulung absolviert. Viele Rollen des Team-Coaches und des Product Owners wurden von Externen besetzt. Viele ARTs erlagen in dieser Situation der Versuchung, die Verantwortung für die Ausbildung der Externen den Dienstleistern zu übertragen. Das sparte Zeit und Kosten. Leider fiel auf diese Weise der Teambuilding-Aspekt der Schulungen weg und die Qualität der Ausbildung war an vielen Stellen nicht ausreichend. Dies konnte nur sehr spät erkannt werden und verlängerte den Prozess der Transformation. Dies wiederum erhöhte die Kosten.

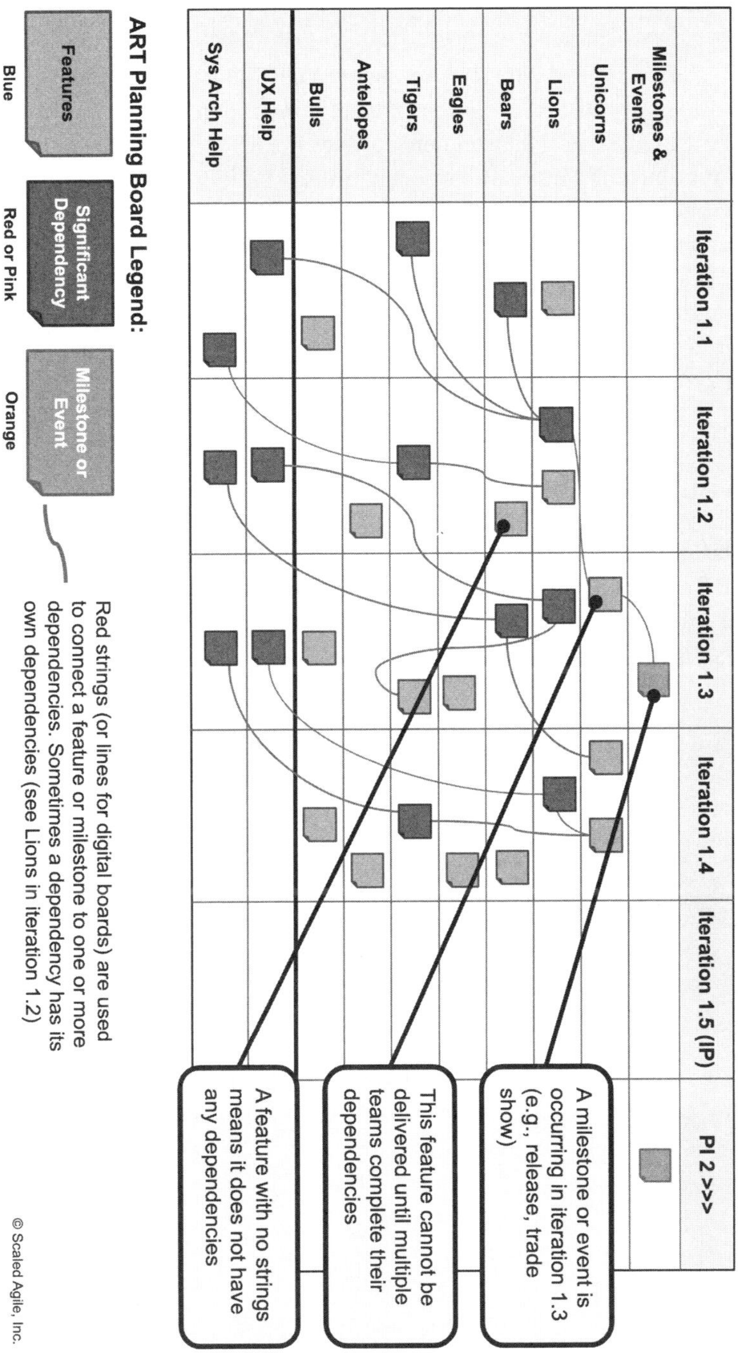

Abb. 5.6: Program Board nach dem PI Planning[6]

6 https://scaledagileframework.com/wp-content/uploads/2022/11/PI_F06-4.svg

Anti-Pattern »Zu viel Vorbereitung«

»Endless Start« – Ein anderer Konzern versuchte, alle Mitarbeiter durch viele transparente Workshops auf SAFe® gut vorzubereiten. In den Workshops wurden viele Probleme identifiziert, die von den Coaches noch vor einem guten Start gelöst werden mussten. Die Mitarbeiter selbst konnten in die Problemlösung nur zum Teil eingebunden werden, sie waren noch in der alten Organisationsform eingebunden. In der Konsequenz konnten nicht alle Probleme zufriedenstellend gelöst werden. Die Workshops zur Diskussion in Verbindung mit fehlenden Lösungen erzeugten Frust bei den Mitarbeitern. Sie hatten immer weniger Lust, mit SAFe® anzufangen. Erst durch eine Entscheidung aus der Hierarchie, endlich anzufangen, konnte die gegenseitige Blockade gelöst werden.

5.4 Rollen auf ART-Ebene

Nach dem PI Planning beginnt die PI-Umsetzung. Hier ist das Zusammenspiel der Rollen im ART und in den Teams der wichtigste Fokus des Coachings. Die Rollen geben einen guten Rahmen und lassen doch erhebliche Freiräume für die Umsetzung.

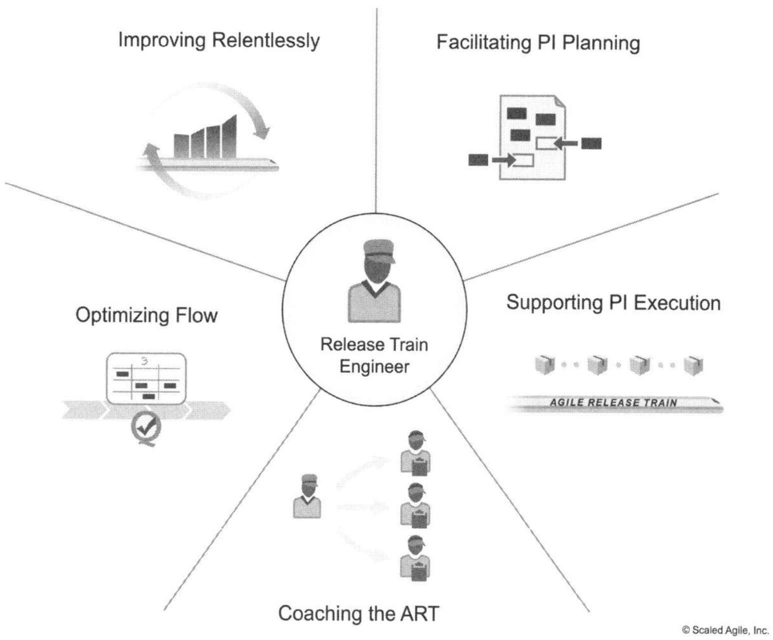

Abb. 5.7: Verantwortungsbereich des RTEs[7]

7 https://scaledagileframework.com/wp-content/uploads/2022/10/Release_Train_Engineer_F01.svg

Zum Teil haben bestimmte Rollen auch Überschneidungen in der Verantwortung. Dies bedeutet kein schlechtes Design, sondern eine geteilte Verantwortung und Zusammenarbeit. Die Schulung der Rollen in der Vorbereitung muss nun in die gelebte Praxis überführt werden. Dazu wird Coaching und Unterstützung von SPCs benötigt. Das LACE-Team ist in dieser Phase besonders an den Rollen auf ART-Ebene aktiv.

Auf der ART-Ebene gibt es drei Rollen, die gemeinsam den ART aus verschiedenen Perspektiven und Verantwortungsbereichen heraus steuern. Eines der wichtigsten SAFe®-Prinzipien ist es, Entscheidungen dezentral zu treffen. Die Abstimmung und Kommunikation dieser Entscheidungen ist für den gemeinsamen Erfolg notwendig. SAFe® geht davon aus, dass alle Rollen einer gemeinsamen Vision folgen und auf diese Weise ausgerichtet sind.

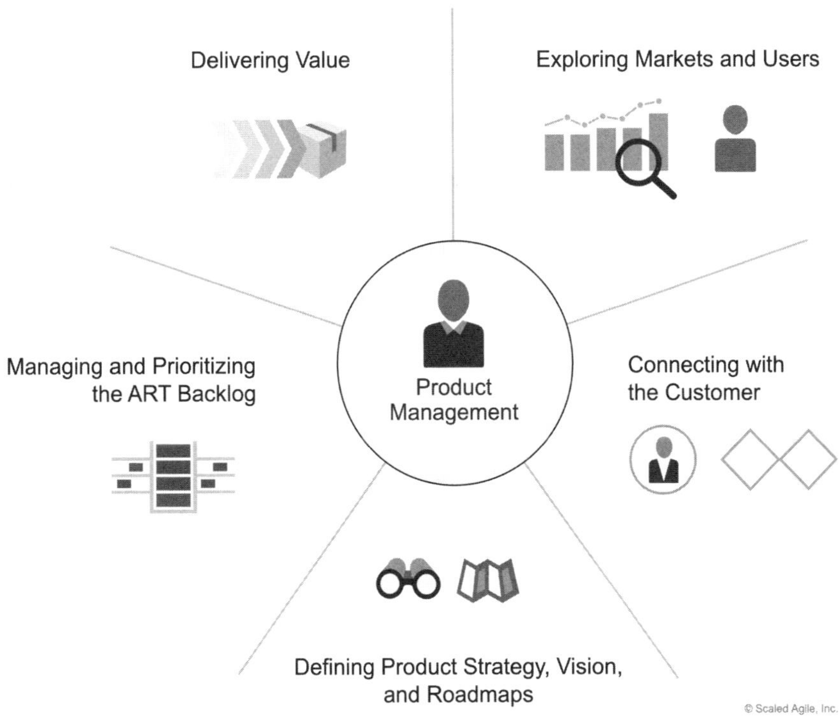

Abb. 5.8: Verantwortungsbereich des Product Managements[8]

8 https://scaledagileframework.com/wp-content/uploads/2022/11/Product_Management_F02.svg

Der RTE ist für den guten Ablauf und nachhaltige Verbesserungen verantwortlich.

- Der RTE ist der Coach des ARTs. Er ist für die Einhaltung und Optimierung der SAFe®-Prozesse im ART verantwortlich. Als Coach vermittelt er Wissen zur Lösung von Problemen. Sein wichtigstes Werkzeug zum Coaching sind gute Fragen.
- Die Koordination des PI Plannings ist seine Aufgabe.
- Nach dem PI Planning unterstützt er die Umsetzung in der PI-Ausführung.
- Der kontinuierliche Verbesserungsprozess liegt in seiner Verantwortung. Dabei sorgt er für die Identifikation von relevanten Verbesserungen und gute nachhaltige Lösungen.
- Er fokussiert auf den Flow des ARTs. Flow ist hier als Durchfluss von Ergebnissen zu verstehen. Hierzu vermittelt er Techniken und sorgt für Verbesserungen.

Das Produktmanagement kann durch eine Person oder durch ein Team besetzt werden. Grundsätzlich gilt diese Möglichkeit für alle Rollen. Die Produktverantwortung und die Auswahl und Ausgestaltung der Produktentwicklung ist sein Fokus. Er hat den Kunden und das Marketing des Produkts im Blick.

- Er erstellt und optimiert das Backlog an Produktfunktionen. Durch die von ihm gesetzte Priorität wird die Reihenfolge in der Umsetzung bestimmt.
- Die Kundenorientierung wird durch direkten Kundenkontakt realisiert.
- Er erstellt die Produktvision und die Strategie. Die Roadmap zeigt den gewünschten Plan für die Umsetzung auf. Dieser muss immer wieder mit der Realität der Umsetzung abgeglichen werden.
- Die gemeinsame Lieferung von Wert für das Unternehmen liegt in seiner Verantwortung.
- Er ist Experte für den Markt des Produkts und erforscht diesen. Neue Produktideen und Technologien im Markt und am Kunden zu testen, fällt in seinen Verantwortungsbereich.

Eine weitere Rolle im Produktkontext ist der Business Owner. Er verantwortet die kommerzielle Nutzung des Produkts. Im Gegensatz zu den anderen SAFe®-Rollen ist dies keine Vollzeitrolle. Üblicherweise ist der Product Owner ein Manager innerhalb der Hierarchie des Unternehmens. Er ist ein wichtiges Verbindungsglied zwischen den beiden Betriebssystemen. Er unterstützt das Produktmanagement mit seinen Möglichkeiten und stimmt sich mit diesem ab.

Der Business Owner ...

- lebt das Lean-Agile Leadership. Sichtbar im ART wird er im PI Planning bei der Bewertung der geplanten Ziele aus Business-Perspektive.
- unterstützt und finanziert die kontinuierliche Verbesserung.
- nutzt die Ergebnisse des ARTs für ein erfolgreiches Geschäft.

- kommuniziert mit dem Lean Portfolio Management.
- stimmt seine Prioritäten mit dem Produktmanagement ab.

Abb. 5.9: Verantwortungsbereich des Business Owners[9]

Der System Architect hat die technische Produktverantwortung. Er ist für die technische Umsetzung der Produktideen und die Nachhaltigkeit der Entwicklung verantwortlich.

Der System Architect ...

- definiert und kommuniziert die Architekturvision. Diese muss von den Teams verstanden werden, um sie umsetzen zu können. Die Vision wird in vielen kleinen Schritten realisiert.
- moderiert und coacht die Teams zur Umsetzung der agilen Architektur.
- unterstützt die Qualitätssicherung und Automatisierung.
- stimmt die Priorität der Architekturentwicklung mit den Business-Zielen ab. Die Features zur Realisierung der Architektur werden Capabilities genannt. Diese werden von ihm erstellt.
- sorgt für die Erweiterung der Continuous Delivery Pipeline.

9 https://scaledagileframework.com/wp-content/uploads/2022/10/Product-Owner_F01-1.svg

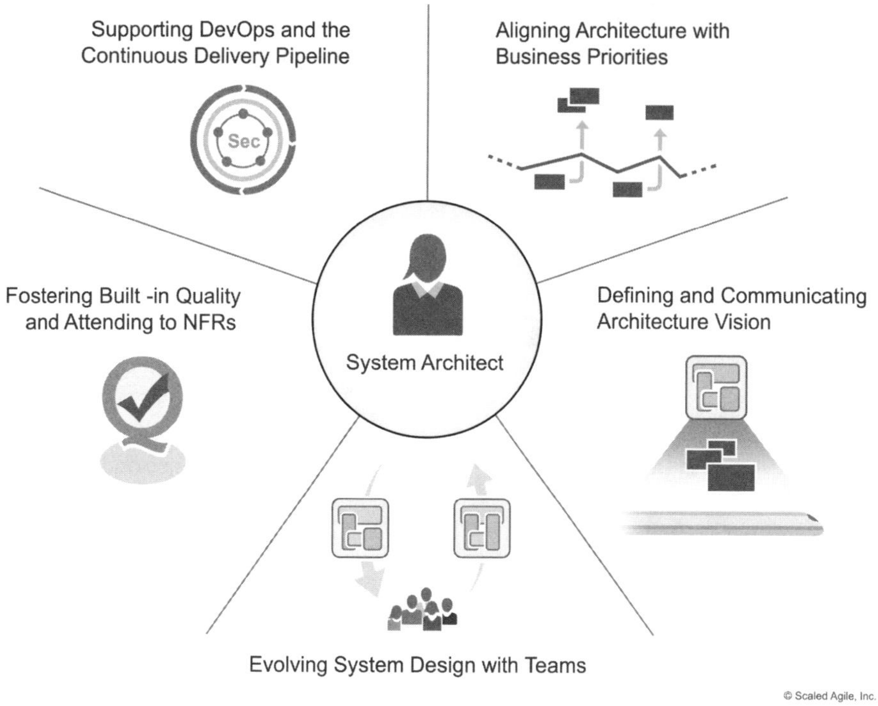

Abb. 5.10: Verantwortungsbereich des Systemarchitekten[10]

Anti-Pattern »Abteilungen als Complicated Subsystem«

Ein Unternehmen hat im Value Stream Identification Workshop sehr viele Complicated Subsystem ARTs und Plattform-ARTs geschnitten. Das erleichterte den Aufbau der ARTs, da sie so eine große Nähe zu den bestehenden Abteilungen hatten. Die Teams, Technologien und Prozesse waren weitgehend bekannt. Eine kaum lösbare Herausforderung stellten in diesem Setting jedoch übergreifende Anforderungen entlang des Wertstroms dar. Für sie mussten sehr viele ARTs gemeinsam etwas liefern. Diese gemeinsame Lieferung konnte auch von den identifizierten Solution Trains nur zum Teil geplant werden. Um die eigenen Themen bei den anderen ARTs platzieren zu können und um der Forderung entsprechenden Nachdruck zu verleihen, wurden der PM und der Systemarchitekt in die Meetings zur Abstimmung entsandt. In vielen ARTs hat sogar der RTE begonnen, inhaltliche Eskalationen zu begleiten. Die Rollen auf ART-Ebene wurden mehr und mehr zum »Außenminister« für Eskalationen. Sie waren bei der eigenen Planung nicht mehr greifbar. Dies erzeugte Probleme bei der eigenen Koordination und Planung. Erst durch einen erneuten Value Stream Identification Workshop konnte das Problem nachhaltig gelöst werden.

10 https://scaledagileframework.com/wp-content/uploads/2023/02/System_Arch_F02.svg

5.5 Rollen auf Team-Ebene

Die Teams können aus Prozessperspektive sowohl SAFe® Scrum als auch SAFe® Team Kanban verwenden. Beide Vorgehensweisen sind auf skaliertes Arbeiten mit mehreren Teams optimiert. Die Teams können sich selbst aussuchen, welcher der beiden Prozesse für sie optimal ist. Die Rollen auf Team-Ebene sind für beide Prozesse identisch. Hier entsteht bei einem eventuellen Prozesswechsel keine Veränderung.

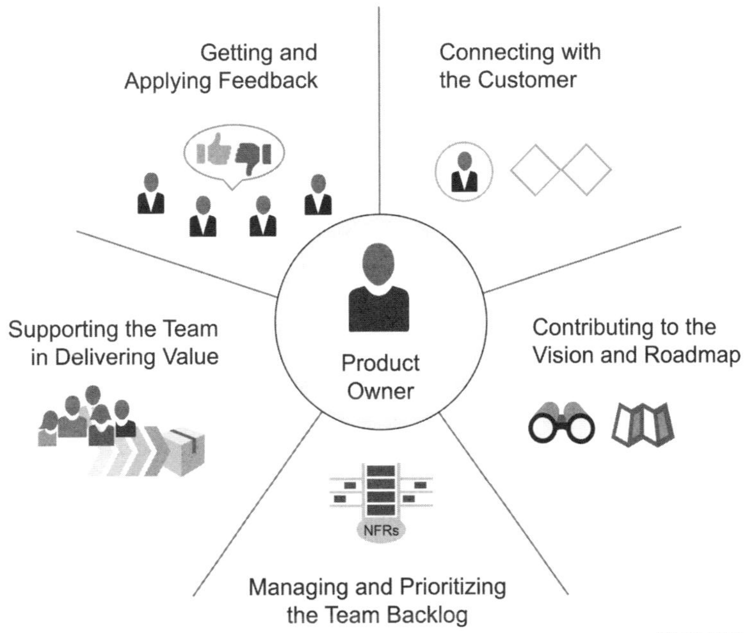

Abb. 5.11: Verantwortungsbereich des Product Owners[11]

Der Product Owner ist für ein Produkt verantwortlich. Er arbeitet mit dem Produktmanagement zusammen und stimmt sich regelmäßig ab. Die Zusammenarbeit mit dem Team am Produkt ist sein wichtigster Fokus.

- Er erstellt die Produktvision und die Roadmap für sein Produkt.
- Das Backlog für dieses Produkt wird von ihm verantwortet.
- Das Team wird von ihm unterstützt, damit es maximalen Wert erzeugen kann.
- Er nimmt direkt Kontakt mit dem Kunden und dem Nutzer auf.
- Kommunikation und Feedback zum Produkt

Das Team ist eine Rolle, die von bis zu acht Experten gleichzeitig besetzt wird. Die Experten kommen aus unterschiedlichen Disziplinen. Sie haben in der Summe

11 https://scaledagileframework.com/wp-content/uploads/2022/10/Product-Owner_F01-1.svg

alle Fähigkeiten, die es braucht, um eine Anforderung in eine funktionsfähige und qualitätsgesicherte Software zu verwandeln.

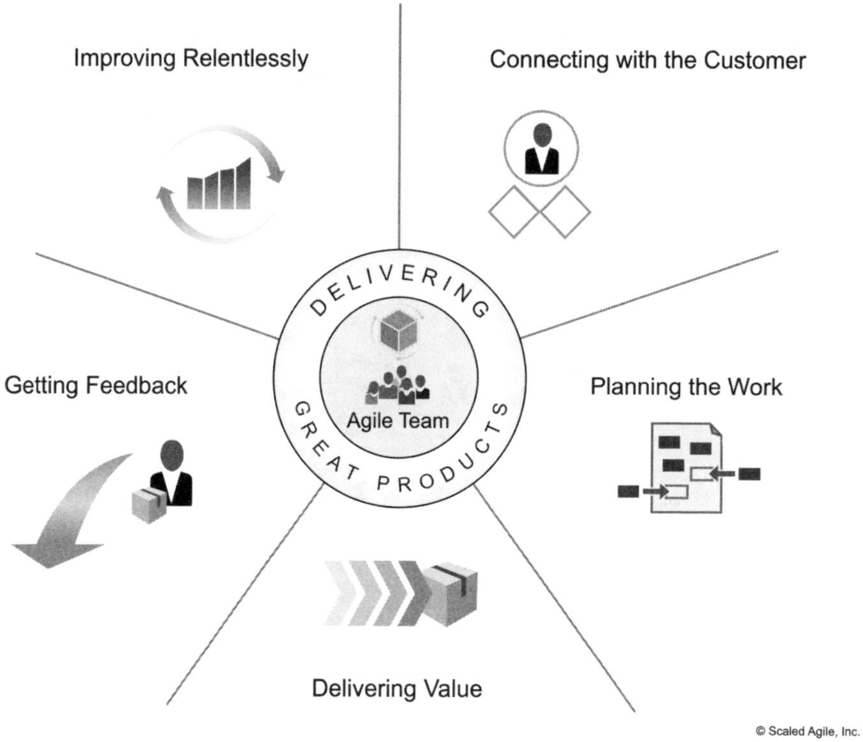

Abb. 5.12: Verantwortungsbereich des Teams[12]

- Das Team erzeugt werthaltige Software.
- Dazu benötigt es Feedback von Business und vom Kunden.
- Kundenfokus und Kundenkontakt sind notwendig, um ein gutes Produkt zu erstellen.
- Das Produkt und die technologische Basis werden kontinuierlich verbessert.
- Das Team plant die Arbeit und stimmt sich mit Teams ab, zu denen es Abhängigkeiten gibt.

Scrum Master und Team-Coach sind Begriffe, die in SAFe® synonym verwendet werden können. Der Team-Coach unterstützt den RTE in der erfolgreichen Implementierung von SAFe® auf Team-Ebene.

12 `https://scaledagileframework.com/wp-content/uploads/2022/10/Agile_Teams_F05.svg`

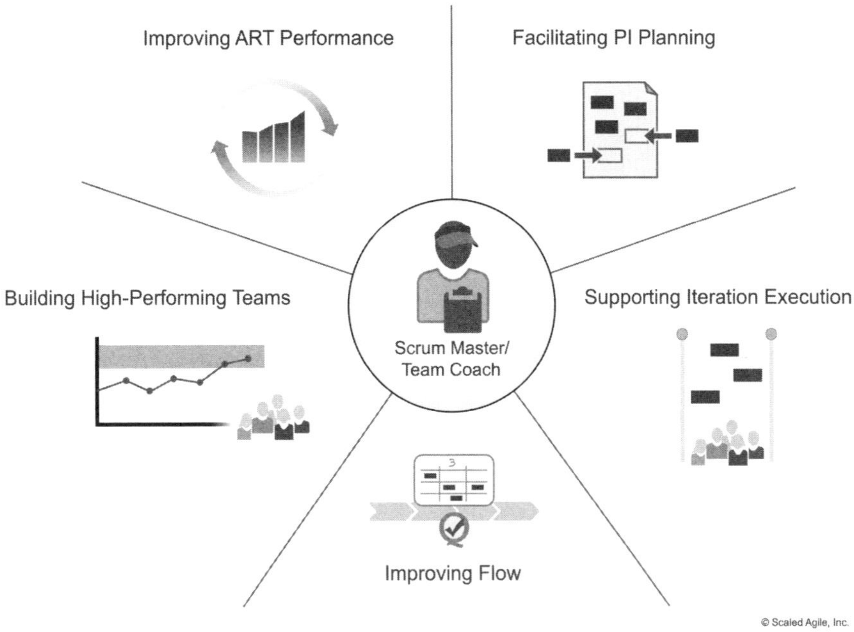

Abb. 5.13: Verantwortungsbereich des Team-Coaches[13]

Der Team-Coach ...

- unterstützt die Performance des gesamten ARTs.
- optimiert den Flow des Teams und des ARTs.
- unterstützt sein Team darin, gute Leistungen zu erbringen.
- unterstützt das PI Planning und die PI-Umsetzung.

Anti-Pattern »Agile Verträge gestalten«

Da ein Unternehmen einen hohen Teil der eigenen Wertschöpfung durch Partner umsetzen ließ, wurden der aktuelle Stand der SAFe®-Rollen und -Prozesse in die Verträge geschrieben. Dies wurde sehr detailliert umgesetzt. Alle Schätzverfahren und sogar Referenz-Features wurden dort vertraglich festgehalten. Da diese Verfahren direkt für die Abrechnung der Dienstleister relevant waren, entstand sehr schnell eine intensive Diskussion, wie diese Verträge auszulegen seien. Nach wenigen Sprints verselbstständigte sich die Diskussion um die Schätzverfahren. Alle waren nur noch damit beschäftigt zu bewerten, was wie lange dauern darf und wie und wann dies zur Verfügung stehen muss. Dies ging so weit, dass sogar ein Dienstleisterwechsel angedacht und durchgespielt wurde.

13 https://scaledagileframework.com/wp-content/uploads/2022/10/Scrum_Master_Team_Coach_F01-2.svg

In einer Mediation konnte dann der Vertrag als Ursache für die Eskalation identifiziert und entsprechend angepasst werden. Es wurde ein neuer Vertrag basierend auf gegenseitigem Vertrauen im Geiste einer langfristigen Partnerschaft geschlossen. Die Teams brauchten noch zwei weitere Program Increments, um das Thema vollständig hinter sich zu lassen.

5.6 Events des ARTs und der Teams

In der PI-Umsetzung gibt es auf allen Ebenen Events. Sie stellen sicher, dass die Kommunikation und Abstimmung auf allen Ebenen funktioniert.

- Der innere Kreis ist die Team-Ebene. In der Grafik ist der SAFe®-Scrum-Prozess dargestellt. Alle Scrum-Events werden hier in jedem Sprint durchgeführt.
- Der mittlere Kreis stellt die ART-Ebene dar. Es gibt drei regelmäßige wöchentliche Abstimmungsmeetings.
  - Der RTE betrachtet mit den Team-Coaches den Prozess, Risiken und Blocker.
  - Das Product Management und die Product Owner stimmen sich zum Fortschritt und den nötigen Planänderungen ab.
  - Die Architekten stimmen mit den Teams die technische Architektur und mögliche Probleme ab.
- Jeweils einmal am Ende jedes Sprints gibt es eine gemeinsame System-Demo. Hier werden die Ergebnisse aller Teams als lauffähige Software präsentiert.
- Jeweils einmal pro PI gibt es die folgenden Events:
  - PI-Vorbereitung
  - Inspect and Adapt. Hier werden die Ergebnisse und die Performance des ARTs dargestellt. Gemeinsam werden notwendige Verbesserungen identifiziert und geplant.
  - PI Planning zur Planung des nächsten Program Increments
- Der äußere Kreis stellt die Solution-Train-Ebene dar.
  - Alle RTEs, PMs und Architekten stimmen sich in gemeinsamen Sync-Meetings ab.
  - Alle ARTs präsentieren gemeinsam lauffähige Software am Ende jedes Sprints.
  - Zur Vorbereitung des PI Plannings gibt es einen Workshop.
  - Inspect and Adapt auf Solution-Train-Ebene
  - PI Planning

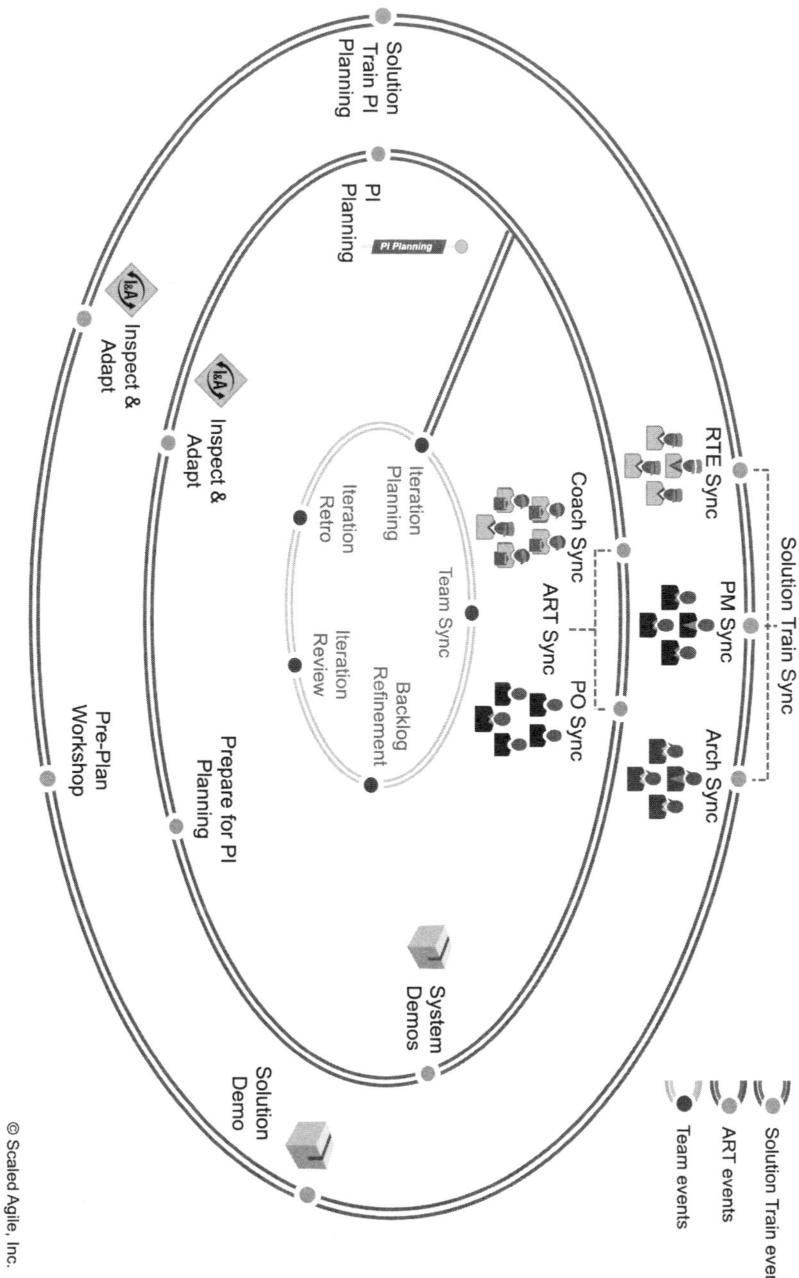

Abb. 5.14: Events auf ART und auf Team-Ebene[14]

14 https://scaledagileframework.com/wp-content/uploads/2023/02/Solution_Train_F06.svg

Anti-Pattern »Zu viel Standard«

Um die Terminplanung für die ARTs, Solution Trains und Teams zu erleichtern, begann ein Solution Train, für seine ARTs und Teams ein Template für einen Meetingkalender zu entwerfen. Dort waren Zeitfenster genannt, wann die Teams ihre Meetings durchführen sollten. Dies sollte den übergreifenden Rollen die Terminfindung für ihre Abstimmungsrunden erleichtern. Die Ursache für diese Idee war die Erfahrung, dass immer wieder Teilnehmer fehlten. Sie hatten immer wieder Terminkonflikte mit anderen wichtigen Meetings. Die Idee wurde über eine Community of Practice an alle anderen Solutions weitergegeben. Viele Solution Trains griffen die Idee auf und entwickelten eigene Kalender. Diese Kalender gingen zum Teil so weit, dass dort auch Zeitfenster für Abteilungsmeetings definiert wurden. Die Teams und ARTs bekamen durch die Vielzahl von Vorgaben selbst Schwierigkeiten, passende Lösungen zu finden, und hielten sich selbst immer weniger an die Vorgaben. Niemand traute sich, den Ansatz für gescheitert zu erklären. Er wurde noch über ein ganzes Jahr aufwendig diskutiert und dokumentiert. Irgendwann sprach keiner mehr davon. Bis alle Dokumentationen bereinigt waren, dauerte es jedoch erheblich länger.

5.7 SAFe® Coaching durch das LACE

Das LACE hat die Aufgabe, die SAFe®-Implementierung zu steuern. Diese Aufgabe wird auf einem Kanban-Board visuell nachvollziehbar gemacht. Der Stand der Umsetzung wird hier für alle sichtbar. Alle ARTs und Solution Trains müssen so lange unterstützt werden, bis die neue Arbeitsweise gut verstanden ist. Ein Backlog an noch zu startenden ARTs zeigt den geplanten Ablauf des Changes auf.

Eine wichtige Aufgabe neben der Steuerung der Transformation ist es, die Prozesse zu dokumentieren. Die ersten ARTs machen Erfahrungen mit der Einführung von SAFe®. Sie entwickeln Lösungen für die optimale Implementierung. Diese Erfahrungen zu dokumentieren und den nachfolgenden ARTs zur Verfügung zu stellen, ist wichtig. So kann das Unternehmen seine Implementierung standardisieren und transparent halten.

Ein zentraler Aspekt dieser Implementierung ist die Software-Unterstützung aller SAFe®-Prozesse. SAFe® selbst ist an dieser Stelle offen für unterschiedliche technische Lösungen. Man hält sich neutral und gibt keine Empfehlung für eine bestimmte Technologie. Für die Implementierung muss jedoch eine Software wie zum Beispiel Jira ausgewählt und angepasst werden. Hierzu gibt es eine Vielzahl von möglichen Ergänzungen. Wichtig ist hier, einen unternehmensweiten Standard zu etablieren. Die Daten müssen einheitlich gepflegt sein, sonst gelingt es nicht, unternehmensübergreifende Kennzahlen zu etablieren. In der Praxis muss auch diese Aufgabe vom LACE gesteuert werden.

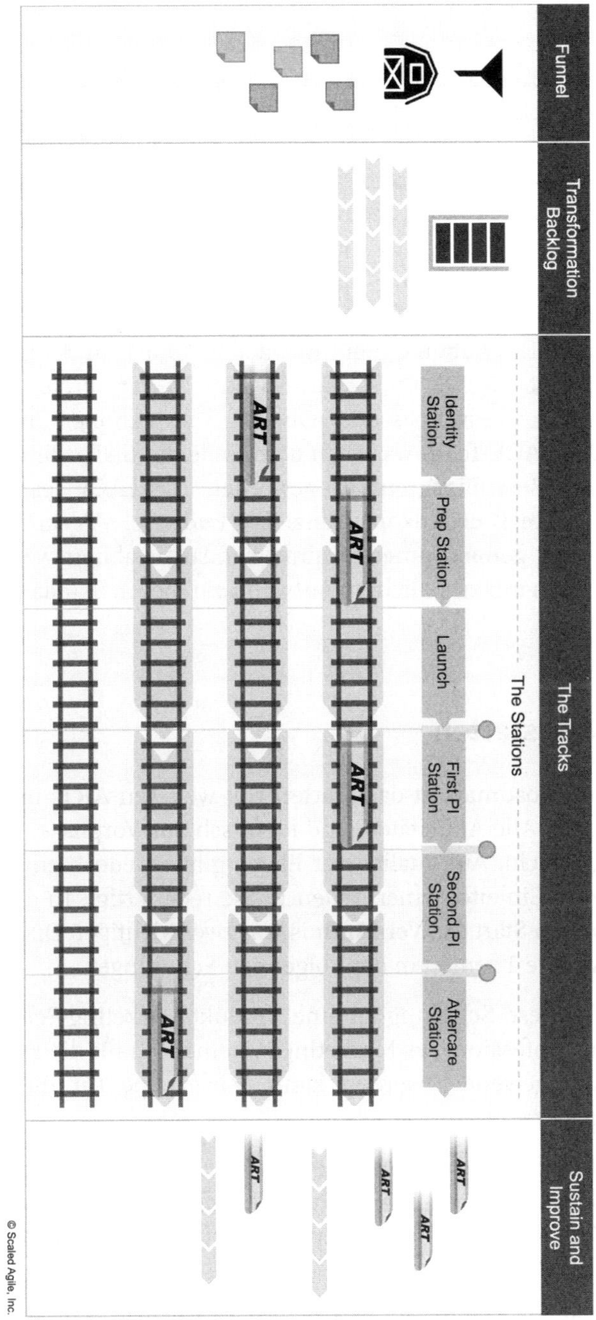

Abb. 5.15: Kanban-Board zur SAFe®-Implementierung[15]

15 https://scaledagileframework.com/wp-content/uploads/2023/03/Launch-More-ARTs-and-Value-Streams_F04.svg

Anti-Pattern »Zu wenig Standard«

Zur gemeinsamen Nutzung von Jira hatte ein Konzern ein eigenes Template entwickelt. Dieses Template sollte sicherstellen, dass nur die Rollen mit den entsprechenden Kompetenzen den Status von Features und Stories anpassen konnten. Zur Nachvollziehbarkeit des Anforderungsprozesses war ein Rücksprung im Status nicht vorgesehen. Dies hatten besonders die Compliance-Experten des Unternehmens gefordert. In der Praxis erwies sich dieser Standard jedoch als wenig tauglich. Einige Teams fingen an, alle Nacharbeiten auf immer neue Objekte zu verlagern, und zerstörten so die Übersicht und Konsistenz der Anforderungen. Andere Teams und ARTs hatten einen informellen Draht zur Administration. Sie erhielten selbst Rechte, um die Struktur ihrer Projekte anzupassen. Sie legten sich eigene, besser passende Objekte, Transaktionen und Statusbeschreibungen an. Das LACE-Team war nach dem Ende der SAFe®-Einführung zu einem informellen Beratungsgremium geworden. Das LACE-Team bemerkte erst sehr spät das Ausmaß der Inkonsistenz. Am Ende vieler Abstimmungsmeetings konnte nur ein gemeinsamer Minimalstandard etabliert werden. Einige Jira-Projekte mussten mit erheblichem Aufwand auf diesen Standard zurückgeführt werden.

5.8 Noch weitere ARTs starten

In der SAFe® Implementation Roadmap ist das Starten von weiteren ARTs und Solution Trains eine neue Phase. Alle Aktivitäten sind identisch zur Vorphase. Es werden ARTs geschult und gecoacht. Auf qualitativer Ebene gibt es jedoch einen deutlichen Unterschied, der das Einleiten einer neuen Phase rechtfertigt. In den bestehenden ARTs wird nach dem Start das Verständnis von zwei wichtigen Disziplinen verstärkt. Sie lernen weitere Themen in den folgenden Schulungen:

Agile Product Management – Diese Schulung ist eine Produkt-Marketing-Schulung. Hier wird vermittelt, wie professionelles Marketing systematisch für die Entwicklung von IT-Produkten angewendet werden kann. Zielgruppe für diese Schulung ist das Produktmanagement.

SAFe® DevOps – Diese Schulung ist im Grunde eher ein Workshop, in dem die Continuous Delivery Pipeline systematisch analysiert wird. Das Ziel der Analyse ist es, einen Plan für die Verbesserung zu erstellen und nach dem Workshop umzusetzen.

Implementing SAFe® – Mit dieser Schulung werden weitere SPCs ausgebildet. Sie werden benötigt, um nicht nur die neuen zu startenden ARTs, sondern auch die bestehenden ARTs zu betreuen. Auch das LACE-Team und seine Struktur kann mit ihnen erweitert werden.

SAFe® selbst hat ein sehr breites Feld an Best Practices, sie bieten in dieser Phase ein reiches Repertoire für mögliche Verbesserungen. Sich damit gemeinsam in der Praxis zu befassen, ist ein weiteres Lernfeld. Dieses gemeinsame Lernen kann durch informelle CoPs – Communities of Practice – unterstützt werden. Sie werden initial durch ihren Start vom LACE oder von anderen Rollen unterstützt. Danach müssen sie sich jedoch selbst organisieren. Sie haben das Ziel, gemeinsam Erfahrungen aus der Praxis auszutauschen und neue Ideen zu generieren.

Anti-Pattern »Zu schwaches LACE«

Ein sehr umfangreicher Solution Train hatte in der operativen Umsetzung Qualitätsprobleme. Das LACE fühlte sich für diese Details nicht zuständig. Es war in dieser Phase mit strategischen Themen der Transformation insgesamt beschäftigt. Innerhalb des Solution Trains gab es eine RTE CoP. Hier waren alle RTEs der Solution eingeladen. Die Teilnahme war selbstverständlich freiwillig. Die RTEs diskutieren intensiv, was nicht gut lief, und fanden Lösungen, die sie gemeinsam ausprobieren wollten. Der Start war durchaus im Sinne einer Community. Nur im Laufe der Zeit entwickelte sich aus dem losen Zusammenschluss ein Gremium. Das Gremium diskutierte und beschloss die Prozessdetails. Es wurde als Institution nach außen wahrgenommen. Auch die Freiwilligkeit der Teilnahme relativierte sich. Wer nicht anwesend war, verpasste die neuesten Updates für seinen Prozess. Dem LACE gelang es nicht mehr, die Community nachträglich in die eigene Struktur zu integrieren oder die Aktivitäten auslaufen zu lassen. Es entwickelte sich mit der Zeit ein »Schatten-LACE«.

Kapitel 6

Das Portfolio erweitern

6.1 Die Strategie mit der Umsetzung verbinden

Das Portfolio hat die Aufgabe, die agile Umsetzung mit der Strategie zu verbinden und Business Agility zu ermöglichen. Business Agility bedeutet, dass das Unternehmen in der Lage ist, schnell auf neue strategische Herausforderungen und Chancen zu reagieren. Diese Beweglichkeit und Schnelligkeit bewirken erhebliche strategische Wettbewerbsvorteile.

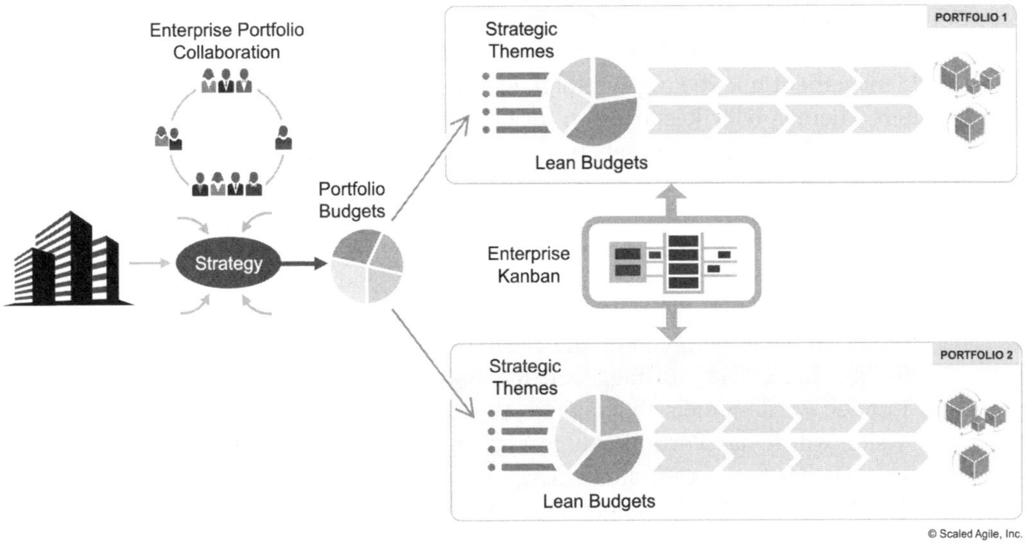

Abb. 6.1: Übersicht Strategie-Implementierung[1]

Die Strategie selbst ist ein Bereich, für den beide Betriebssysteme gemeinsam Verantwortung tragen. An dieser Stelle ist die Zusammenarbeit der Linienorganisation und der Prozessorganisation notwendig. Dies gilt ebenso bei der Budgetierung der Portfolios. Der Finanzrahmen aller Portfolios wird gemeinsam mit der Strategie verabschiedet. Ab dieser Stelle übernimmt die Prozessorganisation den Lead für die Umsetzung. In großen Konzernen ist zu erwarten, dass es mehrere Portfolios gibt. Diese sind nach den Wertströmen organisiert. In jedem dieser Portfolios werden die

1 https://scaledagileframework.com/wp-content/uploads/2022/11/Enterprise_F02-1.svg

strategischen Themen, die für das Portfolio relevant sind, als Strategic Themes aufbereitet. Sie stellen das mittel- und langfristige Ziel des Portfolios dar. Entsprechend dieser strategischen Themen wird das dem Portfolio zugewiesene Budget auf die ARTs aufgeteilt. Dies wird mittels Participatory Budgeting[2] umgesetzt. Dies ist ein Verfahren, in dem sehr viele Beteiligte aus den ARTs und Solution Trains Vorschläge für die Aufteilung des Budgets machen. Diese Vorschläge werden dann konsolidiert. Den Gesamtprozess des Participatory Budgeting im Detail zu beschreiben, würde den Rahmen dieses Buches sprengen. Man könnte es grob als ein demokratisches Verfahren betrachten, das von den Umsetzern gemeinsam ausgeführt wird. Am Ende des Verfahrens haben alle ARTs ein konkretes Budget. Diese Budgets werden in der Regel halbjährlich neu vergeben. Das Budget und die strategischen Themen bilden den Arbeitsauftrag für das Lean Portfolio Management.

Die operative Umsetzung erfolgt anschließend in der Formulierung von Epics. Diese Epics werden im Portfolio-Backlog gesammelt und, wenn sie gestartet sind, auf dem Portfolio-Kanban verfolgt. Für jeden Epic werden die zu erwartenden Business-Effekte beschrieben. Anhand dieser Effekte kann das Lean Portfolio Management erkennen, ob das Epic abgeschlossen ist. Ein Epic ist dann abgeschlossen, wenn die Effekte realisiert sind. Die Epics werden vom Lean Portfolio Management nur so lange verfolgt, wie sie eine strategische Relevanz haben. Kleinere Themen oder Restarbeiten für den Abschluss von Epics werden an die ARTs und Solution Trains übergeben.

Anti-Pattern »Vision nicht umsetzen«

Ein Teilbereich eines Konzerns führte SAFe® ein. Die Vision dieses Bereichs war, vom internen Dienstleister zum Produktlieferanten zu transformieren. Diese Strategie beinhaltete, die Beziehung zu ihren bisherigen Auftraggebern umzukehren. Die Auftraggeber, die bisher die Konzeption erstellten, sollten Kunden werden, die sich aus dem Angebot nur bedienten. Entsprechend dieser Vision wurde das Portfolio aufgesetzt und die Strategic Themes formuliert. Als Epic Owner fungierten die bisherigen Auftraggeber. Sie formulierten die Epics entsprechend ihrer Konzepte. Diese Epics wurden im Portfolio von ihnen hoch priorisiert und sie kamen entsprechend in die Umsetzung. Die neuen Produktideen zur Umsetzung der Strategie waren weniger zeitkritisch, sie wurden immer wieder hintenangestellt. Dieser Prozess ging über Jahre, und die Roadmap für die neuen Produkte musste immer weiter verschoben werden. Für das Portfolio bedeutete dies: In der Praxis war es ohne Strategie. Es gab gar keine Ausrichtung und keine gemeinsamen Ziele. Jeder versuchte, seine Themen durchzubringen. Die Stimmung im Portfolio war entsprechend konfliktträchtig. Erst eine neue Strategie, die gemeinsam mit den Auftraggebern entwickelt wurde, konnte diese Leerstelle füllen.

2 `https://scaledagileframework.com/participatory-budgeting/`

6.2 Der Lean-Startup-Ansatz in Epics

Epics sind keine Projekte. In einem Projekt gibt es einen festen Scope, ein Budget und einen Terminplan. All dies gibt es in Epics nicht. Der Scope wird von der Lösung bestimmt, die von technischen Experten viel später entwickelt wird. Ein Termin hängt von der Erfüllung des erwarteten Effekts ab. Das Budget wird nur grob geschätzt. Das Denken in Projekten, verbunden mit einer wasserfallartigen Vorgehensweise, ist nicht vereinbar mit SAFe®. Für Projekte werden Mitarbeiter in neuen temporären Einheiten immer wieder neu zusammengestellt. Dies ist in SAFe® anders. Die ARTs sind dauerhafte Einheiten. Die Mitarbeiter bleiben in Teams zusammen und bekommen immer neue Themen über das Backlog zugewiesen.

Epics	≠ Projects
Implemented by stable, cross-functional Value Streams and ARTs.	Implemented by temporary teams, which disband after work is completed.
No definitive start and end date; scope is variable. Continue until WSJF says otherwise.	Definitive start and end date; scope is fixed. All scope must be implemented.
Progress is measured as outcomes against the benefit hypothesis.	Progress is measured based on task completion.
Lean Business Case, based on benefit hypothesis and definition of an MVP.	Overly detailed business case, based on speculative ROI.
Implementation follows the build – measure – learn SAFe Lean Startup Cycle.	Implementation typically follows phase-gated, sequential (waterfall) process.
After the Lean Business Case is approved, commitment is to the evaluation of the MVP.	After business case is approved, up-front commitment is made to the entire project scope.

Abb. 6.2: Vergleich von Epics mit Projekten[3]

Ein Epic beschreibt ein Business-Vorhaben. Dieses wird als Benefit Hypothesis beschrieben. Dass es sich hier um eine Hypothese und nicht um gesichertes Wissen handelt, liegt an der Komplexität und Unsicherheit des Kontextes. Ob ein Kunde ein neues Extra eines Autos kauft, entscheidet der Kunde, nicht das Unternehmen. Die Benefit Hypothesis in diesem Fall könnte sein, dass 30% der Kunden dieses Extra zum angebotenen Preis kaufen. Der effizienteste Schritt, mit dieser Art von Unsicherheit umzugehen, ist, als Erstes die Hypothese durch ein MVP zu validieren. Wenn sich herausstellen sollte, dass die Kunden kein großes Interesse an dem Extra haben, wäre ihre Entwicklung Verschwendung von Zeit und Budget. Möglicherweise gibt es einen neuen Ansatz, wie man den Effekt mit einem anders gearteten Extra doch noch erreichen kann. Dann könnte dieser Epic erneut in das Backlog zurückwandern. Dies wäre ein Pivot-Drehpunkt.

3 `https://scaledagileframework.com/wp-content/uploads/2022/11/Epic_F01.svg`

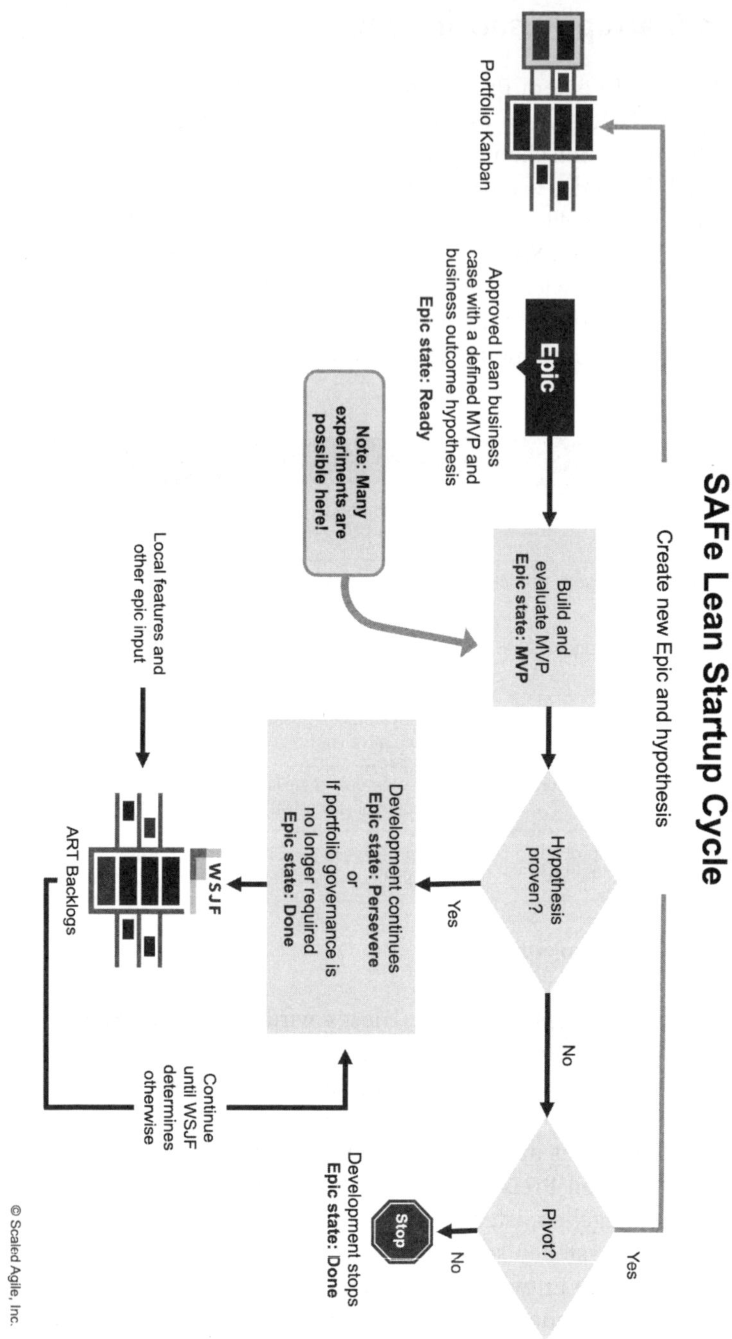

Abb. 6.3: Lean-Startup-Ansatz von Epics[4]

4 https://scaledagileframework.com/wp-content/uploads/2022/11/Epic_F06.svg

Wenn sich die Benefit Hypothesis eines Epics bestätigt hat, beginnt die Implementierung. Die Implementierung wird so lange verfolgt, bis der erwartete Benefit eingetreten ist. Für diesen Benefit sind an dem Epic Messkriterien definiert, anhand derer dies eindeutig festgestellt werden kann. Dieser Ansatz ist aus dem Lean-Startup-Prozess abgeleitet. Zur Umsetzung des Epics schreiben die ARTs und Solution Trains Capabilities und Features. Der Epic selbst hat zwar ein geschätztes Budget, dieses ist allerdings nicht für die Implementierung relevant. Die Implementierung richtet sich nur nach der Priorität und den Möglichkeiten, die sich aus dem Portfolio-Budget ergeben. Es werden immer die Themen umgesetzt, die für das Business die höchste Priorität haben. Mit dem Fortschreiten der Entwicklung und der Umsetzung wandern die Epics auf dem Portfolio-Board immer weiter nach links. Dies wird vom Lean-Portfolio-Management-Team gesteuert.

Anti-Pattern »Epics ohne Benefit«

Ein Konzern führte SAFe® ein. Es gab schon eine Roadmap für Projekte, die über Jahre hinaus definierte, was genau bis wann zu entwickeln war. Diese Projekte wurden in der Vergangenheit von einer PMO betreut. Man beschloss, dass SAFe® diese Roadmap in den Grundzügen übernehmen sollte. Der Scope der Projekte war vollständig bis ins kleinste Detail definiert. Ein aufwendiger Architekturprozess erzeugte diese Konzepte. Dieser Architekturprozess sollte in SAFe® integriert werden. Als Ergebnis war das Portfolio voll mit klassischen Projekten, die alle einen fixen Score hatten. Sie alle hatten keine Benefit Hypothesis und konnten nicht an ihrem Effekt gemessen werden. Die ARTs konnten nur den beschriebenen Scope abarbeiten. Das Portfolio konnte die Epics erst schließen, nachdem alles geliefert war. Nichts konnte weggelassen werden. Es kam, wie es kommen musste. Die Summe der Themen war nicht gleichzeitig lieferbar. Eine große Gruppe war der Meinung, SAFe® sei schuld. Nach einem langen Mediationsprozess konnte das klassische Portfolio mit fixem Scope und Terminen als Ursache gemeinsam anerkannt und beseitigt werden. Der zweite Anlauf, SAFE® wirklich im Unternehmen einzuführen, war deutlich erfolgreicher.

6.3 Rollen im Lean-Agile Portfolio

Die Rollen auf Portfolio-Ebene sind deutlich weniger scharf umrissen als die der ARTs und Solution Trains. Auf Portfolio-Ebene gibt es nur sehr wenige Rollen, die eine Person in Vollzeit ausfüllen. Im Portfolio laufen die beiden Betriebssysteme zusammen, entsprechend häufig sind auf dieser Ebene Teams mit Verantwortung in beiden Systemen zu finden. Auf diese Weise kann das Portfolio gut an die Struktur der Organisation angepasst werden, und es unterstützt das Alignment.

Das Portfolio hat drei wichtige Arbeitsbereiche, in denen verschiedene Rollen aktiv sind. Der Bereich Strategie und Investition wird vom Top-Management, dem

Enterprise Architect und den Business Ownern der ARTs und Solution Trains gesteuert. Hier wird die Portfolio-Vision entworfen und die Roadmap auf Epic-Ebene abgeleitet.

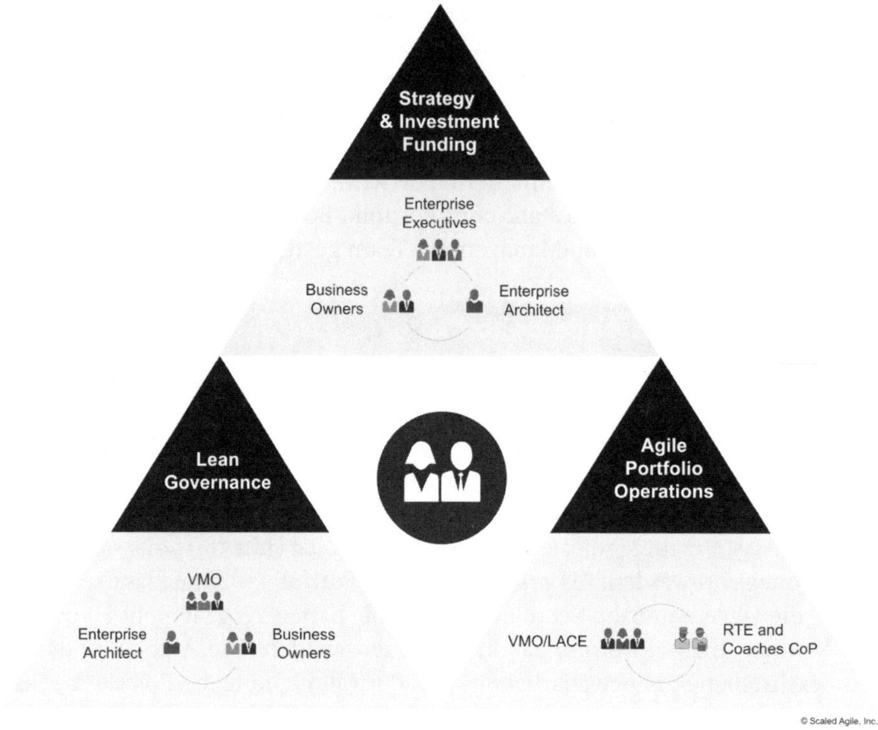

Abb. 6.4: Lean-Portfolio-Management-Team[5]

In den Bereich Lean Governance fallen die Kennzahlen für die Performancemessung. Hier wird festgelegt, wie die Performance gemessen wird. Die Regeln für den Budgetprozess und die Einhaltung von Compliance sind ebenfalls Teil der Governance. Sie werden von den Business Ownern, den Enterprise-Architekten und dem Value Management Office verantwortet. Das Value Management Office ist dabei eine organisatorische Unterstützungsrolle, die üblicherweise von einem Team ausgeübt wird. Die Rolle ist ähnlich dem PMO in klassischen Kontexten.

Der Bereich Agile Portfolio Operation umfasst

- den Schnitt und die Optimierung der Wertströme
- operative Excellence in den Prozessen der Umsetzung
- Unterstützung der ARTs und Solution Trains

Diesen Teil verantwortet das LACE-Team zusammen mit dem VMO und den RTEs.

5 https://scaledagileframework.com/wp-content/uploads/2022/10/Keystone-LPM_v1.svg

Eine der wichtigsten Rollen im Portfolio ist der Epic Owner. Seine Rolle bezieht sich immer nur auf einen Epic und seine Umsetzung. Es kann also genauso viele Epic Owner wie Epics im Portfolio geben. Jeder Mitarbeiter kann theoretisch Epic Owner werden, wenn er die Kompetenz und das Wissen hat, einen Epic in der Umsetzung zu unterstützen.

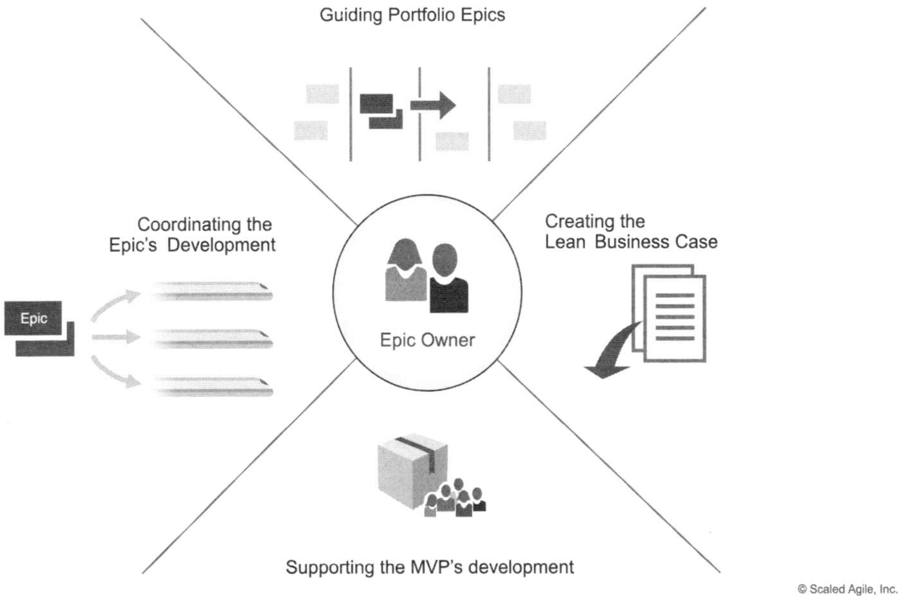

Abb. 6.5: Verantwortung des Epic Owners[6]

Die Rolle des Enterprise-Architekten kann von einer oder von mehreren Personen ausgefüllt werden. In Konzernen ist es unrealistisch, dass eine Person in der Lage ist, die gesamte Systemlandschaft zu überblicken und weiterzuentwickeln. Im Portfolio kommt dieser Rolle eine besondere Bedeutung zu. Im Portfolio gibt es neben Epics für neue Business-Themen-Enabler für technologische Themen. Diese technologischen Themen sind sehr häufig die Grundvoraussetzung für die nachfolgenden Business Themen. Man beschreibt dies in SAFe® mit dem Konzept des Architectural Runways. Beispiel wäre der Aufbau einer sicheren Cloud-Infrastruktur vor dem Umsetzen von Kundenfunktionen in der Cloud. Der Aufbau der Cloud-Infrastruktur wäre ein Enabler und hätte höhere Priorität im Backlog als die Epics der Cloud-Themen des Business. Neue Technologien und das bestehende Technologie-Portfolio müssen betrachtet und mit den Business-Anforderungen abgeglichen werden.

6 https://scaledagileframework.com/wp-content/uploads/2022/11/Epic_Owner_F02.svg

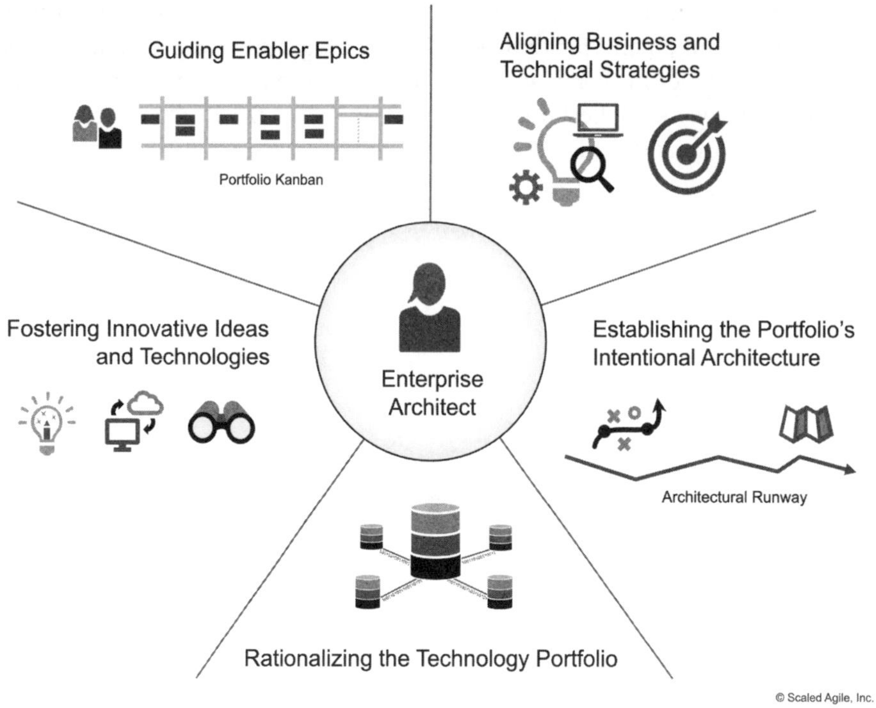

Abb. 6.6: Verantwortung des Enterprise-Architekten[7]

Anti-Pattern »Unrealistische Erwartungen«

Ein Unternehmen führte SAFe® ein, um endlich mehr liefern zu können – die interne IT war einfach zu langsam. Die Wünsche des Business wurden über Jahre hinweg gefühlt ignoriert. SAFe® sollte diese Situation ändern und das Business endlich auf den Steuersitz setzen. Das Portfolio war genau der Ort, den sich das Business schon immer gewünscht hatte. Im Participatory Budgeting wurde entsprechend dieser Erwartung das Budget verteilt. Die Epics sollten entsprechend umgesetzt werden. In der Praxis gab es jedoch viele alte Systeme, die die Entwicklung und die Bereitstellung behinderten. Die Technologie war in die Jahre gekommen und einer der wesentlichen Gründe, weshalb die IT in der Vergangenheit als »so langsam« wahrgenommen wurde. Die Architekten haben Enabler Epics formuliert, die diese Systeme ersetzen sollen. Diese wurden jedoch nicht entsprechend priorisiert. Die Fronten des Konflikts wurden klar sichtbar. SAFe® konnte den Konflikt nicht lösen, aber er wurde sichtbar und konnte in den Portfolio-Meetings besprochen werden. Die Migration konnte in kleinen Schritten begonnen werden. Es war möglich, an beiden Themen gleichzeitig zu arbeiten.

7 https://scaledagileframework.com/wp-content/uploads/2022/11/Enterprise_Architect_F01.svg

6.4 Der Portfolio-Prozess

Im Portfolio-Prozess gibt es drei verschiedene Meetings zur Abstimmung der wichtigsten Themen. Sie haben, wie in Abbildung 6.7 dargestellt, unterschiedliche Rhythmen.

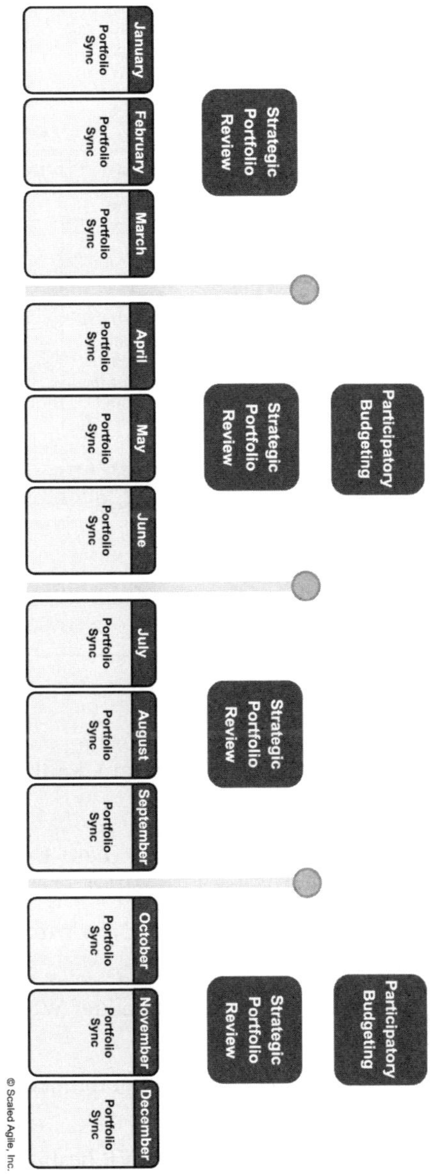

Abb. 6.7: Events auf Portfolio-Ebene[8]

8 https://scaledagileframework.com/wp-content/uploads/2022/10/Lean_Portfolio_Management_F07.svg

- Das Participatory Budgeting verteilt das Portfolio-Budget auf die ARTs und Solution Trains.
- Das Strategic Portfolio Review prüft, ob die Ausrichtung des Portfolios auf die Strategie noch passend ist.
- Im Portfolio Sync werden die operativen Themen geklärt und der Status der Epics aktualisiert.

Funnel	Reviewing	Analyzing	Ready	Implementing		Done
				MVP	Persevere	
	Leads the creation of the *Epic Hypothesis Statement* Ensures that the proposed epic exceeds the threshold guardrail Confirms the epic is aligned with at least one strategic theme Presents the epic to LPM to gain agreement that it warrants being pulled into analysis or removes idea from the Portfolio Kanban	Leads the creation of the Lean Business Case, including definition of the MVP, additional potential features and cost estimates Presents the epic to LPM for a go/no-go decision	May participate in WSJF prioritization of approved epics with LPM Presents epic during Participatory Budgeting event	Coordinates the MVP's development with the ARTs. Reports results of MVP to LPM to make a pivot, persevere or stop decision.	Creates a roadmap for the epic's development across ARTs May have some ongoing responsibilities for stewardship and reporting Helps decide when the epic is no longer an LPM concern	

Abb. 6.8: Das Portfolio-Kanban-Board[9]

Das Portfolio Sync findet vor dem Portfolio-Kanban statt. Auf diesem Kanban-Board wird der Status der Epics getrackt.

- Im Status Funnel ist das Portfolio-Backlog sortiert nach Priorität. Diese Epics warten auf eine Bearbeitung, in sie wird noch kein Aufwand investiert.
- Die Entscheidung, einen Epic in Reviewing zu ziehen, bedeutet: Nun wird er ausgearbeitet. Der Epic wird jetzt detailliert und bewertet.
- In der Analyse wird ein Lean Business Case erstellt. Dieser hilft bei der WSJF-Bewertung für das Ranking im Status Ready.
- Ready stellt das Backlog der ausgearbeiteten Epics dar. Sie stehen bereit, jederzeit in das nächste PI gezogen zu werden.
- In der Umsetzung wird immer erst die Hypothese durch einen MVP bestätigt, bevor die Umsetzung vollständig erfolgt.

9 https://scaledagileframework.com/wp-content/uploads/2022/11/Epic_Owner_F03.svg

- Wenn der gewünschte Effekt eingetreten ist, braucht das Epic nicht mehr vom Portfolio unterstützt zu werden und es ist aus Portfolio-Perspektive fertig. Nacharbeiten auf ART-Ebene sind nicht für das Portfolio relevant.

Anti-Pattern »Epic als Container für Requirements«

Eine IT-Einheit eines Unternehmens führte SAFe® ein. Die Epics wurden von den bisherigen Requirements-Managern formuliert. Sie arbeiteten die High Level Requirements in der Analyse der Epics aus. In den MVPs wurden Architekturstudien oder Technologie-Auswahl-Themen platziert. Das Bekannte wurde in die neue Struktur integriert. Die Coaches und das LACE mahnten immer wieder an, dass die Epics in Business-Sprache formuliert werden sollten und die erwarteten Effekte beschreiben. Dies konnte leider von keiner der involvierten Personen umgesetzt werden, da das Business nicht Teil der IT war. Die Epics auf dem Board wurden immer mehr, weil alles angefangen wurde. Das Portfolio konnte eigentlich nur die Erwartung des Business verwalten und nicht steuern. Es war nicht möglich, Themen wegzulassen oder Termine zu ändern. Erst als das Business in die SAFe®-Implementierung integriert wurde, besserte sich die Situation im Portfolio und für die Teams.

6.5 Messen der Performance mit OKR

Der Einsatz von OKR kann eine zusätzliche Transparenz in der Steuerung und Messung von Zielen erzeugen. Dies bietet sich besonders auf Portfolio-Ebene an.

Als Objective-Ziel kann direkt ein strategisches Thema gewählt werden. Manchmal ist auch eine Epic-Hypothese ein passendes Ziel. Die Key Results, an denen die Erreichung des Ziels gemessen wird, liegen dann jeweils auf den Ebenen darunter. Ein Objective auf Strategic-Theme-Ebene kann gut über die Umsetzung der Epics, die es implementieren, gemessen werden; ein Objective auf Epic-Ebene entsprechend auf der Ebene der Capabilities und Features.

Neben der Strategieumsetzung ist die Transformation der Organisation ein wichtiges Ziel, für das OKRs sehr gut verwendet werden können. Diese OKRs werden vom Enterprise Executive gemeinsam mit dem LACE angestellt und vom LACE überwacht. Für alle OKRs ist es wichtig, sie in einem IT-System, in dem auch alle anderen Artefakte sind, zu verbinden. OKRs müssen ständig aktuell und in ihrer Beziehung zu Ergebnissen transparent für alle Beteiligten gehalten werden. Nur so können die operativen Teams die strategische Relevanz richtig einschätzen.

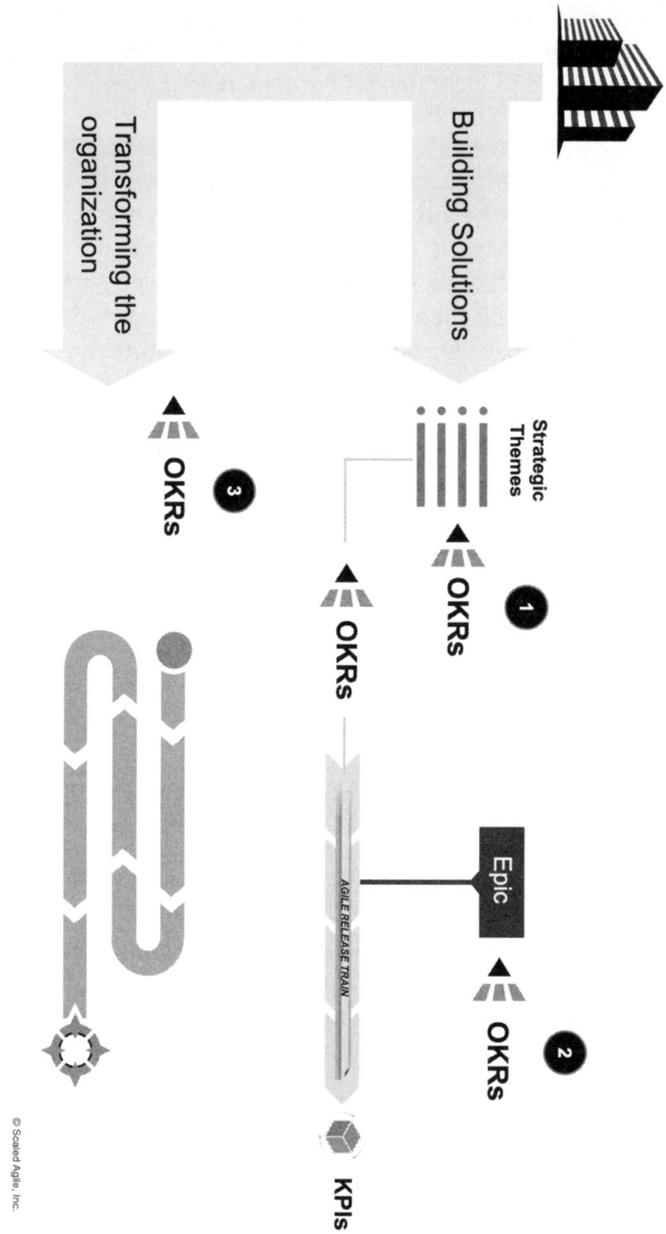

Abb. 6.9: Nutzung von OKRs[10]

10 https://scaledagileframework.com/wp-content/uploads/2022/10/OKRs_F03-1.svg

Anti-Pattern »OKR als Schatten-Organisation«

OKRs waren im Unternehmen schon vor der SAFe®-Implementierung eingeführt worden. Sie wurden von den OKR-Mastern in einem speziell dafür angeschafften Tool gepflegt und überwacht. Lizenzen für dieses Tool waren sehr hochpreisig und nur wenige hatten Zugriff. Als SAFe® eingeführt wurde, wurden auch diese OKRs dort ergänzt. Die Teams arbeiteten in einem anderen Tool. Die Key Results wurden manuell dort markiert. Die Ziele konnten in diesem Tool jedoch nicht abgebildet werden. Die OKR-Master mussten immer mehr Energie aufwenden, die beiden Tools zu synchronisieren. Sie kamen nicht mehr zu ihren eigentlichen Aufgaben, die OKR-Meetings zu moderieren. Diese Moderationen wurden zum Teil als Parallel-Priorität vom Product Management wahrgenommen. Das LACE integrierte erst den Prozess in SAFe® und dann wurde das Tool vereinheitlicht. Auf diese Weise war es möglich, dass die Teams alle Ziele sehen konnten. So konnten die Teams selbst entsprechend der Ziele handeln. Die OKR-Master konnten sich auf das Erstellen von Management Reports und auf die Moderation von Konflikten zurückziehen.

Kapitel 7

Beschleunigen

Diese Phase ist in der SAFe® Implementation Roadmap eher klein am Ende dargestellt. Das ist sie aber nicht. Sie bildet den Abschluss der Implementierung, aber damit endet es eigentlich nicht. Beschleunigen und Optimieren sind Begleiter der agilen Arbeitsweise. Die Werkzeuge für die Optimierung werden im Folgenden dargestellt.

7.1 Der Wertstrom der Business Agility

Durch Business Agility ist ein Unternehmen in der Lage, Chancen am Markt zu nutzen und Verluste zu vermeiden. Dieser Wertstrom ist, wie man an den einzelnen Schritten gut erkennen kann, auf Portfolio-Ebene. Realisiert wird er von vielen ARTs und Solution Trains, die mit der Realisierung beauftragt werden. Diese Umsetzung von der Idee bis zur Nutzung beim Kunden ist der Wertstrom. Dieser hat mehrere Bereiche, in denen Kennzahlen notwendig sind, um ihn zu optimieren.

- Kompetenz-Kennzahlen: Die Kompetenz bezieht sich auf die sieben Core Competences von SAFe®. Für sie gibt es Self-Assessments, die von den Teams selbst durchgeführt werden können. Sie geben die Möglichkeit, die Entwicklung über die Zeit hinweg zu beobachten. Neben der Erhebung der Kennzahl durch das Team werden immer noch mögliche Maßnahmen zur Entwicklung gesammelt. Je nach Notwendigkeit der Weiterentwicklung werden diese dann entsprechend umgesetzt.
- Flow-Kennzahlen: Diese messen den Durchfluss von Ergebnissen. Sie müssen kontinuierlich erhoben werden, um Verbesserungen und Verschlechterungen frühzeitig erkennen zu können. Welche Kennzahlen das im Detail sind, wird im nächsten Unterkapitel beschrieben.
- Ergebnis-Kennzahlen: Diese Kennzahlen messen die Ergebnisse. Dies können direkte Kennzahlen des Geschäfts sein. Auch Qualitäts-Kennzahlen oder die direkte Lieferung von ARTs können hier genutzt werden.

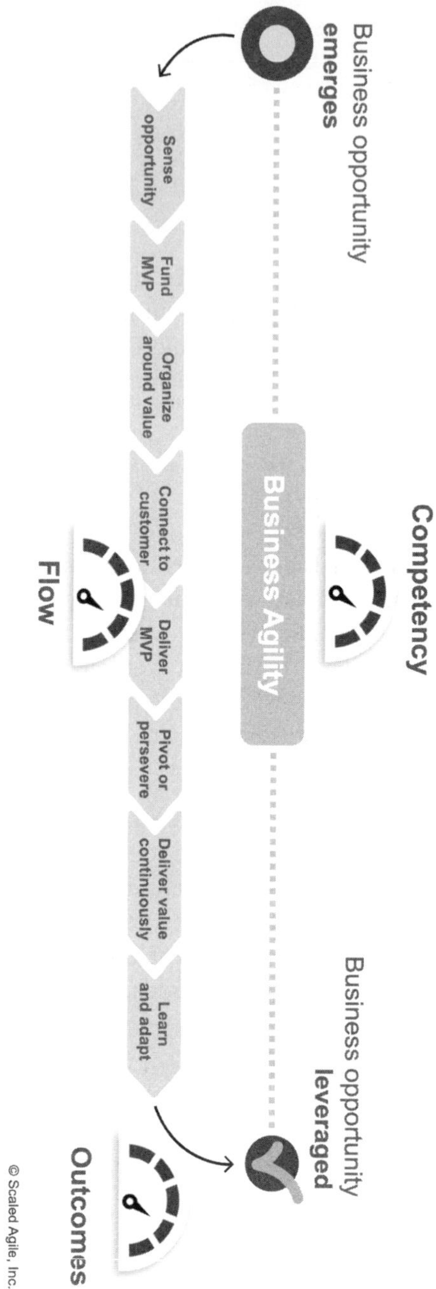

Abb. 7.1: Mögliche Kennzahlen der Business Agility[1]

1 https://scaledagileframework.com/wp-content/uploads/2022/10/Business_Agility_F08.svg

Die Nutzung von Kennzahlen für die Optimierung ist ein ganz grundlegender Schritt. In dieser Phase ist es nicht wichtig, irgendwas besser zu machen, um irgendwann alles optimiert zu haben. Hier geht es darum, die wichtigsten Dinge mit dem größten Effekt zu optimieren. Hier ist der größte Hebel auf das Business zu erwarten. Die Kennzahlen helfen, diese großen Hebel zu finden. Dieser Schritt ist ein wichtiger Teil des Lean-Agile Leadership. Es basiert immer auf beobachtbaren Fakten und dem Lösen realer Probleme. Die Kennzahlen helfen dem Management, zu identifizieren, wo die größten Hebel für den Problemlösungsprozess liegen. Für das Coaching der Messung und der Problemlösung werden gut ausgebildete Team-Coaches und RTEs benötigt.

Diese werden in dieser Phase mit den beiden folgenden Schulungen ausgebildet:

- SAFe® Release Train Engineer – der RTE coacht den ART.
- SAFe® Advanced Scrum Master – der Team-Coach optimiert das Team.

Anti-Pattern »Auseinandersetzung vermeiden«

Eine Retrospektive ist ein Rahmen, in dem das Team einen Raum für Reflexion hat. Diesen Raum kann es nutzen, um den eigenen Prozess zu optimieren und dazu Kennzahlen heranzuziehen. Ein virtuelles Team, das auf mehreren Kontinenten verteilt arbeitete, hielt in regelmäßigen Abständen Retrospektiven ab. Dazu wurde ein Tool genutzt, in dem die Beobachtungen des Teams gesammelt und bewertet wurden. Das Team beobachtete immer wieder dieselben Fehler außerhalb des Teams in der Infrastruktur der Organisation. Das regelmäßige Ergebnis dieser Meetings war, dass der Team-Coach den Auftrag bekam, diese Fehler abzustellen. Der Team-Coach war jung und unerfahren, er nahm diesen Auftrag jedes Mal an. Das Team verwendete die Möglichkeit, den eigenen Prozess und die Zusammenarbeit zu verbessern, immer wieder nur zum Jammern über den Kontext, es blockierte auf diese Weise das Lernen. Dem Team-Coach gelang es nicht, dieses Muster dem Team zurückzuspielen und ihm auf diese Weise eine echte Chance zum Lernen zu geben.

Anti-Pattern »Zu viele Ziele gleichzeitig«

Ein anderes Team generierte kontinuierlich viele Items, die man verbessern konnte. Am Ende jeder Retrospektive standen zwischen zehn und fünfzehn Maßnahmen auf dem Board. Diese wurden allesamt nicht umgesetzt; auch die nicht, die von allen hoch priorisiert wurden. Als Antwort, warum das so ist, bekam der Team-Coach die Aussage: »Dazu haben wir keine Zeit, wir müssen entwickeln.« Der Coach hatte sehr lange gebraucht, die Glaubenssätze hinter diesem Muster transparent zu machen und mit dem Team gemeinsam Lösungswege aus diesem Muster zu entwickeln. In den Mitarbeitern selbst einen »Sense of Urgency« zu entwickeln, war der Kern der Lösung. Im Prozess moderierte der Coach mehrere Retrospektiven, in denen gar keine Maßnahmen mehr aufgestellt wurden. Muster immer zu durchbrechen, ist ein kreativer Prozess.

7.2 Messen und Entwickeln

Das Thema Flow und die Optimierung von Flow auf allen Ebenen hat es in SAFe® schon immer gegeben. Mit SAFe® 6.0 ist es noch deutlicher in der ersten Ebene des Big Pictures hervorgehoben worden; dies soll die Wichtigkeit von Flow noch einmal unterstreichen.

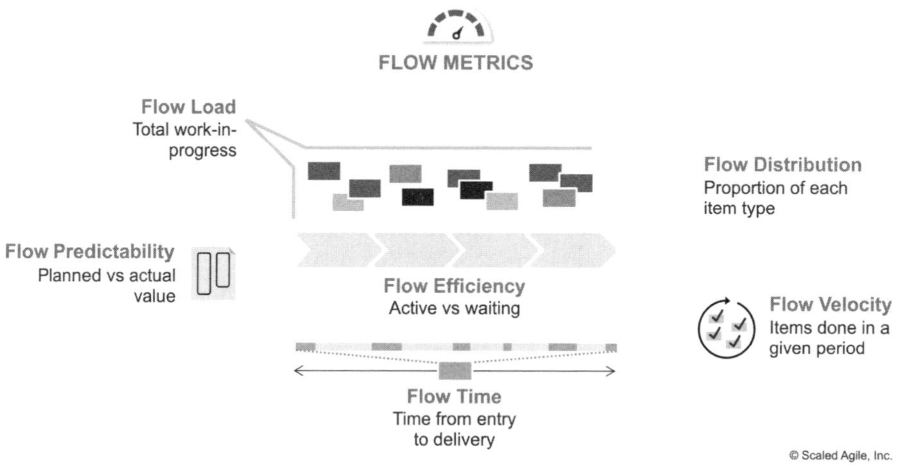

Abb. 7.2: Überblick über alle Flow-Kennzahlen[2]

- Flow Distribution (Flow-Verteilung): Die Flow-Verteilung ist ein Maß für den Anteil der Arbeitsaufgaben nach Typ in einem System.
- Flow Velocity (Flow-Geschwindigkeit): Die Flow-Geschwindigkeit misst die Anzahl der abgeschlossenen Arbeitsaufgaben in einem bestimmten Zeitraum.
- Flow Time (Flow-Dauer): Die Flow-Dauer ist ein Maß für die Zeit, die vom Start bis zur Fertigstellung einer bestimmten Arbeitsaufgabe verstreicht.
- Flow Efficiency (Flow-Effizienz): Die Flow-Effizienz ist das Verhältnis zwischen der Gesamtzeit, die für wertschöpfende Arbeitsaktivitäten aufgewendet wird, und der gesamten Flow-Dauer.

2 https://scaledagileframework.com/wp-content/uploads/2022/10/6-Make_value_flow_F10-1.svg

- Flow Load (Flow-Last): Die Flow-Last ist ein Maß für die Anzahl der aktuell in Bearbeitung befindlichen (aktiven oder wartenden) Arbeitsaufgaben.
- Flow Predictability (Flow-Vorhersagbarkeit): Die Flow-Vorhersagbarkeit ist ein Maß dafür, wie konsistent Teams, ARTs und Portfolios in der Lage sind, ihre Verpflichtungen zu erfüllen.

Flow Metric	Problems Surfaced	Flow Accelerator to Remediate
Flow Distribution – The portion of each backlog item type	Too much focus on business features leading to solution health degradation, slowing development	4. Get fast feedback 6. Manage queue lengths
Flow Velocity – number of items completed in a given time	Underlying problems with productivity Unpredictable velocity from one time period to the next	5. Work in small batches 7. Optimize 'time in zone'
Flow Time – time work spends in the workflow	Slow time to market causing customer to wait and incurring a cost of delay	1. Visualize and limit WIP 3. Minimize handoffs and dependencies 5. Work in small batches 8. Remediate legacy policies and practices
Flow Load – total work in process	Excess work in process leading to increased flow time as queues build up in the system	1. Visualize and limit WIP 6. Manage queue lengths
Flow Efficiency – ration of active time to total time	Large amounts of waste in the system along with bottlenecks and delays that need addressing	2. Address bottlenecks 3. Minimize handoffs and dependencies 8. Remediate legacy policies and practices
Flow Predictability – planned vs actual business value delivered	Low or erratic predictability highlights underlying problems in technology, planning, or organization performance that need addressing	4. Get fast feedback 5. Work in small batches

Abb. 7.3: Definierte Kennzahlen[3]

Die Daten müssen kontinuierlich und automatisch erhoben werden. Dies muss Teil der IT-Infrastruktur sein, mit der SAFe® unterstützt wird. Nur so lässt sich sicherstellen, dass die Daten über alle Teams hinweg mit der gleichen Basis konstant erhoben werden.

7.3 Acht Maßnahmen zur Beschleunigung

In der Tabelle im vorigen Abschnitt sind mögliche Reaktionen auf bestimmte Flow-Probleme in der letzten Spalte beschrieben. In regelmäßigen Abständen müssen die erhobenen Daten analysiert werden, um Veränderungen frühzeitig zu identifizieren. Wenn es Indikatoren für Probleme gibt, dann müssen Maßnahmen ergriffen werden. Für diese Reflexionsschleife ist in SAFe® auf Team-Ebene die Retrospektive das Meeting, um solche Themen zu adressieren. Auf ART- oder

3 https://scaledagileframework.com/wp-content/uploads/2023/03/Accelerate_F02.svg

Solution-Train-Ebene ist es das Inspect & Adapt Meeting. Dort werden dann die Lösungen im Detail erarbeitet. Die acht Flow-Beschleuniger sollen bei dieser Lösungsfindung eine Richtung angeben; sie sind noch nicht die Lösung selbst. Den Prozess der Lösungsfindung coachen die Team-Coaches und RTEs. Die Methoden wurden im Toyota-Produktionsprozess entwickelt und sind Teil des Kanban-Vorgehens.

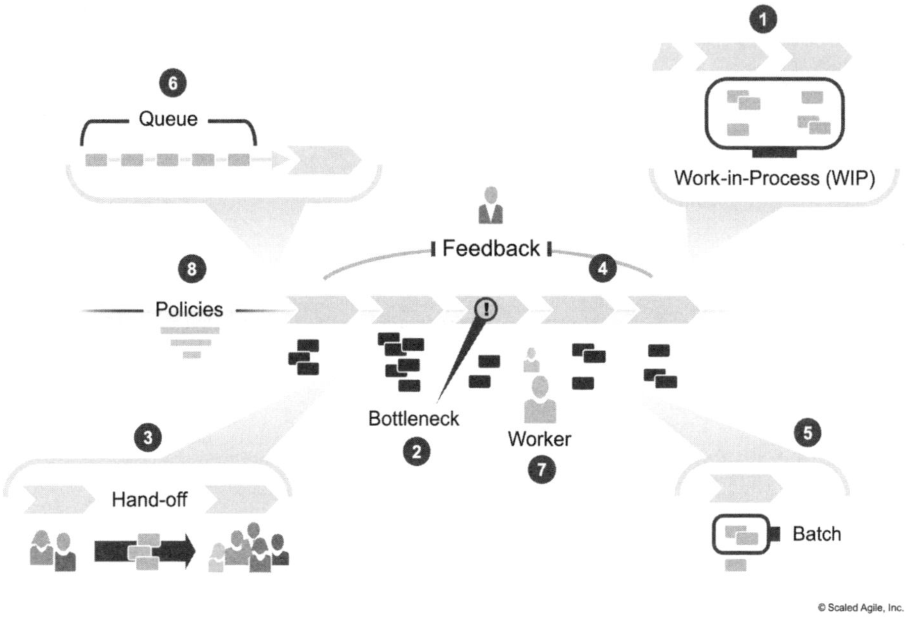

Abb. 7.4: Ansatzpunkte der Beschleunigung des Flows[4]

#1 Visualize and Limit WIP

Dieses Prinzip dient der Prävention von Flow-Problemen. Das visuelle Arbeiten hilft, Flow-Probleme schnell zu erkennen. Die Work in Progress Limits (WIP) sorgen dafür, dass nur eine begrenzte Anzahl von Items gleichzeitig bearbeitet wird. Auf diese Weise werden die Themen schneller bearbeitet und Stauungen werden unwahrscheinlicher. Die WIPs werden von den Teams selbst beschlossen, sie müssen das Konzept dahinter verstehen.

#2 Address Bottlenecks

Bottlenecks sind Flaschenhälse. Durch die Stelle im Prozess, die den geringsten Durchsatz hat, wird der Durchsatz des gesamten Prozesses bestimmt. Auf dem Prozessschritt vor der Engstelle staut sich nun die Arbeit. Der einfachste Weg, eine

4 `https://scaledagileframework.com/wp-content/uploads/2022/11/6-Make-value-flow_F01.svg`

Engstelle im Prozess zu beseitigen, ist es, mehr Ressourcen auf diesem Prozessschritt zu ergänzen. Wenn dies nicht möglich ist, können möglicherweise Mitarbeiter an anderen Prozessschritten einspringen. Für diese Art der Optimierung ist es hilfreich, möglichst viele Mitarbeiter zu haben, die an vielen Stellen des Prozesses eingesetzt werden können. Je mehr Generalisten vorhanden sind, desto besser lässt sich der Flow optimieren. Spezialisten, die nur eine ganz bestimmte Arbeit ausführen können, bremsen den Flow oft aus.

#3 Minimize Handoffs and Dependencies

Jede Übergabe von Arbeit ist aus der Kanban-Perspektive Verschwendung. Sie erzeugt keinen Wert für den Endkunden. Sie bremst auch noch den Flow und erhöht die Komplexität. Silos sind ein Beispiel für Grenzen, an denen Übergaben notwendig sind. Diese Silos zu beseitigen und Übergaben zu vermeiden, beschleunigt den Durchsatz. Ein Team, das einen Prozess von Anfang bis Ende bearbeiten kann, ist das Idealbild für den Flow.

#4 Get Faster Feedback

Schnelle Rückmeldungen stellen sicher, dass das Ergebnis beim Kunden erfolgreich ist. Wenn es Probleme beim Kunden geben sollte, ist es wichtig, diese möglichst frühzeitig zu erfahren, um entsprechend gegensteuern zu können.

#5 Work in Smaller Batches

Ein Batch ist eine Sammlung von Funktionen, die bearbeitet und auf alle Systeme eingespielt wird. Je kleiner die Änderungen sind, die bearbeitet und eingespielt werden, desto kleiner ist ihr Risiko und desto schneller können sie bearbeitet werden. Der Kunde hat das Ergebnis früher.

#6 Reduce Queue Lengths

Eine lange Warteschlange verzögert alle Prozesse. Eine Möglichkeit, die Warteschlange abzubauen, ist, schneller abzuarbeiten. Die andere Möglichkeit ist, bestimmte, wenig werthaltige Themen einfach nicht umzusetzen. Die Umsetzung von Unwichtigem blockiert das wirklich Wichtige.

#7 Optimize Time »In the Zone«

Als Zone wird hier die produktive Arbeit des Teams am Produkt verstanden. Je mehr das Team am Stück ungestört am Produkt arbeiten kann, desto besser sind die Ergebnisse. Einige Meetings können Teil der Arbeit am Produkt sein, viele Meetings sind es jedoch nicht. Sie blockieren den Flow und müssen entsprechend abgeschafft werden.

#8 Remediate Legacy Policies and Practices

Unnötige Prozessschritte und Reportings sind zu vermeiden. Sie zu hinterfragen und abzuschaffen, beschleunigt den Durchsatz.

Das Arbeiten mit den acht Flow-Beschleunigern kann nur an konkreten Problemen angewandt werden. Diese Probleme nachhaltig zu beseitigen, ist das gemeinsame Ziel. Das Ergebnis, gemeinsam produktiver zu sein, hat nicht nur Einfluss auf die Ergebnisse des ARTs, es hat auch direkten Einfluss auf die Motivation der Mitarbeiter. Das Team erlebt sich als erfolgreich.

Anti-Pattern »Silos nicht aufbrechen«

Ein Konzern führte SAFe® nur in der Entwicklung ein. Qualitätssicherung und Test blieben als Silo bestehen. Diesen beiden Silos bereiteten die immer schnelleren Releasezyklen erhebliche Probleme. Die Experten aus Test und Qualität wurden zu gemeinsamen Inspect & Adapt Meetings eingeladen. Gemeinsam überlegte man, wie der Prozess zu optimieren sei. Dabei wurden der Prozess und die Dokumentation immer umfangreicher. Niemand hinterfragte den Sinn dieser Zusatzarbeit. Auch das Denken und das Mindset unter dem Wunsch nach mehr Kontrolle wurden nicht reflektiert. Kennzahlen zum Flow wurden nicht erhoben. An diesen Kennzahlen hätte man sehr deutlich erkennen können, dass alle Verbesserungen in der Praxis Verschlechterungen des Flows auslösen. Der Prozess wurde immer langsamer und bürokratischer. Weil es keine Kennzahlen gab, konnte niemand dies belegen und der Prozess wurde immer weitergetrieben.

7.4 Entwicklung der Organisationskultur

Die Entwicklung der Organisationskultur hat in SAFe® einen hohen Stellenwert. Unabhängig davon, wie diese Kultur zu dem Zeitpunkt war, als SAFe® eingeführt wurde, beginnt mit der Einführung von SAFe® eine Kultur-Transformation. Mit welchen Attributen sich diese Kultur beschreiben lässt, ist in der folgenden Tabelle dargestellt:

Pathological *Power-oriented*	**Bureaucratic** *Rule-oriented*	**Generative** *Performance-oriented*
Low cooperation	Modest cooperation	High cooperation
Messengers blamed	Messengers neglected	Messengers trained
Responsibilities shirked	Narrow responsibilities	Responsibilities shared
Collaboration discouraged	Collaboration tolerated	Collaboration encouraged
Failure leads to scapegoating	Failure leads to justice	Failure leads to improvement
Innovation crushed	Innovation leads to problems	Innovation implemented

Abb. 7.5: Generative Kultur als Zielbild[5]

Je nachdem, wo die Organisation vor der Transformation steht, dauert es deutlich länger, das Zielbild zu erreichen. Eine Kultur zu verändern und die Werte und die darunter liegenden Glaubenssätze zu transformieren, dauert oft Jahre, wenn nicht in manchen Fällen Jahrzehnte. Neben der Einführung von Lean-Agile Leadership ist diese Kultur-Transformation eine Aufgabe der Führung. Sie muss diese Transformation vorleben und begleiten. Dazu einige mögliche Aspekte:

- Das Management tritt selbst als hoch kooperatives Team auf. Man unterstützt sich gegenseitig und stimmt sich im Vorgehen ab. Das Wohl und die Ziele des Unternehmens stehen über den eigenen Zielen und Karriere-Ambitionen.
- Es wird eine Fehlerkultur entwickelt, in der das Auftreten von Fehlern als Möglichkeit zum Lernen gesehen wird. Diese Fehler zeigen Entwicklungspotenziale auf. Entwicklung ist etwas, das positiv betrachtet wird. Dem Überbringer einer schlechten Botschaft wird Unterstützung angeboten.
- Gemeinsame Verantwortung und Kooperation führen zu einer guten konstruktiven Auseinandersetzung um die besten Lösungen. Diese werden aus mehreren Perspektiven und Kompetenzen betrachtet.
- Innovation wird als Teil des normalen Prozesses betrachtet. Es ist das Streben aller Beteiligten, etwas besser machen zu wollen und darüber nachzudenken.

Anti-Pattern »Konflikte vermeiden«

In einer SAFe®-Implementierung wurde das Management geschult. Damit war nicht die Erwartung verbunden, dass sich die Führungspraxis änderte – sie tat es auch nicht. Die Führung agierte wie zu Zeiten vor SAFe®. Wenn es ein Problem gab, wurde ein Schuldiger gesucht und es wurde Druck aufgebaut. Innerhalb der SAFe®-Organisation wurde eine andere, neue Kultur etabliert. Diese war deutlich lösungsorientierter und konstruktiver. Dieser zwei Kulturen führten dazu, dass sich beide Gruppen gegenseitig aus dem Weg gingen. Auf diese Weise versuchte die Prozessorganisation, dem Druck auszuweichen. Die Coaches und RTEs versuchten, den Prozess des Aufbaus von Druck transparent zu machen. Leider hatten sie kein gemeinsames Gremium. Sie hatten nur Einfluss in der SAFe®-Organisation. Erst eine große Eskalation im Management machte die Parallelwelten sehr deutlich und schaffte die Möglichkeit, das Thema zu adressieren und zu lösen.

5 https://scaledagileframework.com/wp-content/uploads/2022/09/Lean-Agile-Leadership_F01-1.svg

7.5 Kultur des Lernens

Die Zielkultur[6] ist in SAFe® als lernende Organisation[7] beschrieben. Ursprünglich ist dieser Begriff von Peter Senge geprägt worden. Die »fünf Elemente« von Peter Senge als Teil des SAFe®-Ansatzes sind in Abbildung 7.6 zu sehen.

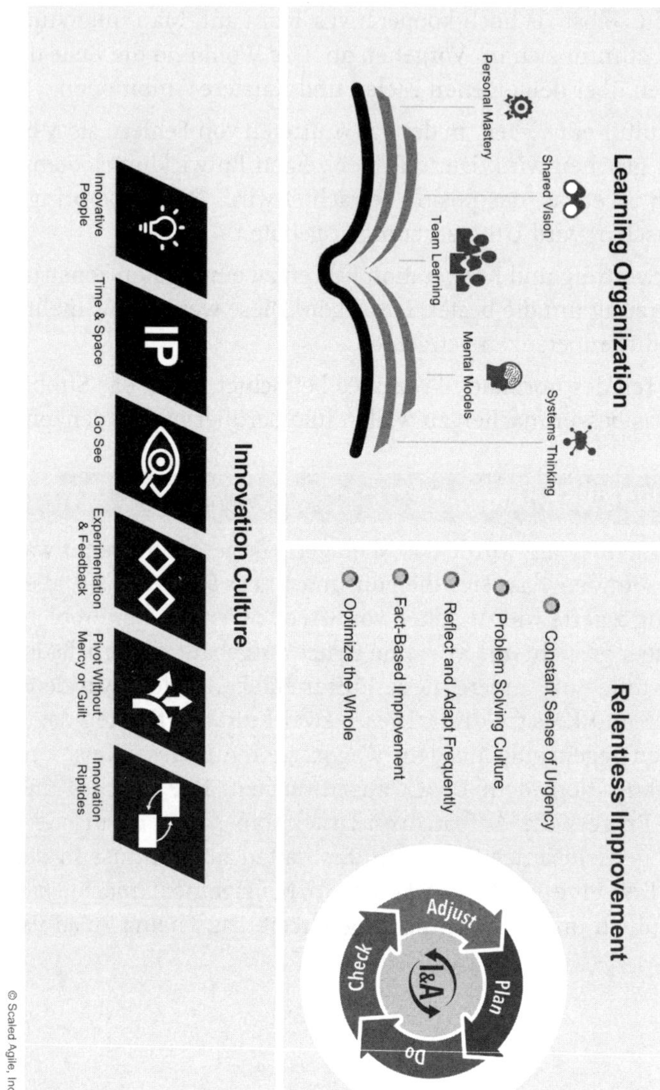

Abb. 7.6: Elemente der Lernkultur[8]

6 `https://scaledagileframework.com/continuous-learning-culture/`
7 `https://de.wikipedia.org/wiki/Lernende_Organisation`
8 `https://scaledagileframework.com/wp-content/uploads/2022/11/Keystone-CLC-01.svg`

- Eine gemeinsame Vision richtet das gemeinsame Handeln aus.
- Jeder ist bestrebt, in seinem Bereich theoretische und praktische Meisterschaft zu erreichen.
- Die Teams lernen gemeinsam mit- und voneinander.
- Die Menschen entwickeln sich selbst und ihre mentalen Modelle weiter. Es ist möglich und gewünscht, Grundannahmen zu hinterfragen und den Einfluss der eigenen beschränkten Sichtweise auf das Problem als Teil des Problems zu identifizieren.
- Das Denken in Systemen und Systemzusammenhängen hilft, die richtigen Schlüsse zu ziehen.

Der Ansatz von Peter Senge wurde um zwei weitere Konzepte erweitert. Das eine ist schon in Kapitel 5 und 6 beschrieben worden. Den Flow kontinuierlich zu verbessern, ist Teil einer Verbesserungskultur. Ihr liegt ein tiefes Verständnis der Dringlichkeit zugrunde. Sie optimiert immer aus der Perspektive des ganzen Systems, basierend auf Fakten.

Der dritte Aspekt detailliert das Thema Innovationen:

- Innovative Menschen, die sich trauen, das Risiko von etwas Neuem einzugehen und das alte Sichere hinter sich zu lassen, müssen gefördert und entwickelt werden.
- Innovation benötigt Zeit und Raum für die Entfaltung. Beides muss von der Organisation zur Verfügung gestellt werden. Im Hamsterrad entstehen keine neuen Gedanken, sondern nur endlose Schritte.
- Es ist wichtig, immer wieder an den Ort des Geschehens zurückzukehren. Dort, wo der Kunde das Produkt verwendet, findet die Innovation statt.
- Immer wieder neue Experimente zu starten und das Feedback des Ergebnisses auszuwerten, ist die Basisarbeit von Innovation.
- Innovation bedeutet auch Zerstörung des Alten und Bestehenden. Dabei spielt es keine Rolle, wie viel Budget in das Bestehende geflossen ist (»Kill your Darlings«).[9]
- Innovation Riptide beschreibt die Innovationswellen, die durch einzelne Innovationen im ganzen System ausgelöst werden können. Diese Wellen schwappen in SAFe® oft von unten aus den Teams nach oben zu Portfolios. Innovationen können neue Möglichkeiten eröffnen. Diese gilt es, früh zu erkennen und zu fördern.

Mit der Einführung von SAFe® beginnt eine Lernreise, die idealerweise nie endet. Diese Reise gilt auch für SAFe® selbst. Es werden immer wieder neue Ansätze

9 https://opencampus-sh.medium.com/design-thinking-kreativ-probleme-l%C3%B6sen-c676494676a3

integriert und das Modell wird kontinuierlich weiterentwickelt. Aktuell ist die Version 6.0. Dieser Version sind viele kleine Schritte der Verbesserung vorausgegangen. Durch die Nutzung von SAFe® hat das Unternehmen die Möglichkeit, an den neuesten Trends und Entwicklung kontinuierlich teilzuhaben. Ich wünsche viel Freude auf dieser Reise.

Glossar

A

Agile Release Train (ART)

Der Agile Release Train (ART) ist ein langlebiges Team von Agile-Teams, das inkrementell eine oder mehrere Lösungen in einem Entwicklungswertstrom entwickelt, liefert und oft auch betreibt.

ART Backlog

Das ART Backlog ist ein Kanban-System, das zur Erfassung und Verwaltung von Features und Enablern dient, die die Lösung verbessern und ihre architektonische Laufzeit verlängern sollen.

B

Benefit Hypothesis

Die Nutzenhypothese ist der vorgeschlagene messbare Geschäfts- oder Kundennutzen eines Epos, einer Fähigkeit, eines Features oder einer Story.

Built-In Quality

Eingebaute Qualität ist eine Reihe von Praktiken, die sicherstellen sollen, dass die Ergebnisse agiler Teams in Geschäfts- und Technologiebereichen während des gesamten Prozesses der Schaffung von Kundenwert angemessene Qualitätsstandards erfüllen.

Business Agility

Business Agility ist die Fähigkeit, im digitalen Zeitalter wettbewerbsfähig zu sein und zu gedeihen, indem man mit innovativen, digital gestützten Geschäftslösungen schnell auf Marktveränderungen und neue Chancen reagiert.

Business Owner

Business Owner (BOs) sind die wichtigsten ART-Stakeholder, die die primäre geschäftliche und technische Verantwortung für Return on Investment (ROI), Governance und Compliance tragen.

C

CALMR

CALMR ist eine DevOps-Mentalität, die die ART zum Erreichen einer kontinuierlichen Wertschöpfung durch die Verbesserung von Kultur, Automatisierung, schlankem Ablauf, Messung und Wiederherstellung anleitet.

Capabilities

Eine Capability stellt eine große Lösungsfunktionalität dar, deren Implementierung sich oft über mehrere

ARTs erstreckt und so dimensioniert ist, dass sie innerhalb eines PIs geliefert werden kann.

Cloud

Die Cloud steht für virtuelle On-Demand-Verarbeitungs- und Speicherdienste, die für eine kostengünstige und skalierbare Infrastruktur und den Betrieb, die Implementierung der DevOps-Toolchain sowie die Entwicklung und das Hosting von KI-Anwendungen genutzt werden.

Communities of Practice (CoPs)

Communities of Practice (CoPs) sind organisierte Gruppen von Personen mit einem gemeinsamen Interesse an einem bestimmten technischen oder geschäftlichen Bereich. Sie arbeiten regelmäßig zusammen, um Informationen auszutauschen, ihre Fähigkeiten zu verbessern und aktiv daran zu arbeiten, ihr Wissen in diesem Bereich zu erweitern.

Continuous Delivery Pipeline (CDP)

Die Continuous Delivery Pipeline (CDP) stellt die Arbeitsabläufe, Aktivitäten und Automatisierungen dar, die erforderlich sind, um neue Funktionen von der Idee bis zur bedarfsgerechten Freigabe von Werten zu führen.

Continuous Deployment (CD)

Continuous Deployment (CD) ist ein Aspekt der Continuous Delivery Pipeline, der die Migration neuer Funktionen von einer Staging-Umgebung in die Produktion automatisiert, wo sie zur Freigabe bereitgestellt werden.

Continuous Exploration (CE)

Continuous Exploration (CE) ist ein Aspekt der Continuous Delivery Pipeline, der die Innovation vorantreibt und die Abstimmung darüber fördert, was gebaut werden soll, indem der Markt und die Kundenbedürfnisse kontinuierlich erforscht werden und eine Vision, Roadmap und eine Reihe von Funktionen für eine Lösung definiert werden.

Continuous Integration (CI)

Continuous Integration (CI) ist ein Aspekt der Continuous Delivery Pipeline, in der neue Funktionen entwickelt, getestet, integriert und validiert werden, um die Bereitstellung und Veröffentlichung vorzubereiten.

Core Values

Die vier Grundwerte – Ausrichtung, Transparenz, Respekt vor den Menschen und unermüdliche Verbesserung – stellen die grundlegenden Überzeugungen dar, die für die Effektivität von SAFe® entscheidend sind.

D

Decentralized Decision-Making

Die dezentrale Entscheidungsfindung befähigt Einzelpersonen und Teams, Entscheidungen auf der Grundlage ihres lokalen Wissens und Kontexts zu treffen.

Development Value Streams

Ein Entwicklungswertstrom ist die Abfolge von Aktivitäten, die erforderlich sind, um eine Geschäftshypothese in eine digital unterstützte Lösung umzuwandeln, die dem Kunden einen Mehrwert bietet.

DevOps

DevOps ist eine Denkweise, Kultur und eine Reihe von technischen Praktiken, die die Integration, Automatisierung und Zusammenarbeit unterstützen, die für die effektive Entwicklung und den Betrieb einer Lösung erforderlich sind.

E

Enablers

Befähiger sind Backlog-Elemente, die die architektonische Reichweite der in Entwicklung befindlichen Lösung erweitern oder die Leistung des Entwicklungswertstroms verbessern.

Enterprise Architect

Der Enterprise Architect ist für die Festlegung der technologischen Vision, Strategie und Roadmap des Portfolios verantwortlich.

Epic Owner

Der Epic Owner ist für die Koordinierung der Epics durch das Portfolio-Kanban-System verantwortlich.

Epics

Ein Epic ist eine bedeutende Initiative zur Lösungsentwicklung.

Epic Hypothesis Statement

Das Epic Hypothesis Statement ist ein strukturiertes Format zur Erfassung, Organisation und Kommunikation kritischer Informationen und Annahmen über ein Epic.

Essential SAFe®

Essential SAFe® bietet die minimalen Elemente, die für Agile Release Trains notwendig sind, um Lösungen zu liefern, und ist der einfachste Ausgangspunkt für die Implementierung.

F

Features

Ein Feature stellt eine Lösungsfunktionalität dar, die einen Geschäftswert liefert, ein Bedürfnis der Stakeholder erfüllt und so dimensioniert ist, dass sie von einem Agile Release Train innerhalb eines PIs geliefert werden kann.

I

The Innovation and Planning (IP) Iteration

Die Innovations- und Planungsiteration ist eine einzigartige, spezielle Iteration, die bei jeder PI stattfindet. Sie bietet einen Schätzungspuffer für die Erreichung der PI-Ziele und dedizierte Zeit für Innovation, Weiterbildung, PI-Planung und Inspect and Adapt (I&A) Events.

Inspect and Adapt (I&A)

Die Inspektion und Anpassung ist eine wichtige Veranstaltung am Ende jeder PI, bei der der aktuelle Stand der Lösung vorgestellt und bewertet wird. Die Teams reflektieren und identifizieren dann in einem strukturierten Problemlösungs-Workshop Verbesserungspunkte im Backlog.

Iteration

Iterationen sind ein standardmäßiges Zeitfenster von fester Dauer, in dem agile Teams und ARTs einzeln und gemeinsam inkrementellen Kundenwert liefern, während sie auf die PI-Ziele hinarbeiten.

L

Lean-Agile Center of Excellence (LACE)

Das Lean-Agile Center of Excellence (LACE) ist ein kleines agiles Team, das sich der Implementierung der SAFe®-Lean-Agile-Arbeitsweise widmet.

Large Solution SAFe®

Large Solution SAFe® ist für Unternehmen gedacht, die große und komplexe Lösungen entwickeln, die keine Portfoliobelange erfordern.

Lean Budgets

Lean Budgets ist ein finanzieller Governance-Ansatz, der Wertströme anstelle von Projekten finanziert, die Wertschöpfung beschleunigt und den mit der traditionellen Projektkostenrechnung verbundenen Overhead und die Kosten reduziert.

Lean Portfolio Management (LPM)

Die Kompetenz Lean Portfolio Management (LPM) bringt Strategie und Ausführung in Einklang, indem sie Lean- und Systemdenkansätze auf Strategie und Investitionsfinanzierung, agile Portfoliooperationen und Governance anwendet.

Lean-Agile Leadership (LAL)

Die Kompetenz Lean-Agile Leadership (LAL) beschreibt, wie Führungskräfte den organisatorischen Wandel und die operative Exzellenz vorantreiben und aufrechterhalten, indem sie Einzelpersonen und Teams befähigen, ihr höchstes Potenzial zu erreichen.

Lean-Agile Mindset

Das Lean-Agile Mindset ist die Kombination von Überzeugungen, Annahmen, Einstellungen und Handlungen von SAFe®-Führungskräften und -Praktikern, die sich die Konzepte des Lean Thinking und des Agilen Manifests zu eigen machen.

M

Measure and Grow

Measure and Grow ist ein Ansatz, den SAFe®-Unternehmen verwenden, um den Fortschritt in Richtung Business Agility zu bewerten und Verbesserungsmaßnahmen zu bestimmen.

Minimum Viable Product (MVP)

Ein Minimum Viable Product (MVP) ist eine frühe und minimale Version einer neuen Lösung, die ausreicht, um eine epische Hypothese zu beweisen oder zu widerlegen.

O

Objectives and Key Results (OKRs)

Objectives and Key Results (OKRs) ist ein kollaborativer Rahmen für die Festlegung klarer Ziele und messbarer Ergebnisse.

Operational Value Streams (OVS)

Ein Operational Value Stream (OVS) ist die Abfolge von Aktivitäten, die für die Lieferung eines Produkts oder einer Dienstleistung an einen Kunden erforderlich sind.

P

Partizipative Budgetierung (PB)

Partizipative Budgetierung (PB) ist ein kollaborativer Prozess für die Zuteilung des Portfoliobudgets zu seinen Wertströmen.

PI Planning PI

Planning ist ein kadenzbasiertes Ereignis für die gesamte ART, das die Teams und Stakeholder auf eine gemeinsame Mission und Vision ausrichtet.

Portfolio

Ein Portfolio ist eine Reihe von Wertströmen, die einen kontinuierlichen Fluss von wertvollen Lösungen für Kunden innerhalb eines gemeinsamen Finanzierungs- und Governance-Modells liefern.

Portfolio-Backlog

Das Portfolio-Backlog ist ein Kanban-System, das zur Erfassung und Verwaltung der Geschäfts- und Befähiger-Epen dient, die für die Erstellung und Weiterentwicklung der Produkte, Dienstleistungen und Lösungen des Portfolios vorgesehen sind.

Portfolio SAFe®

Portfolio SAFe® bietet Strategie- und Investitionsfinanzierung, Agile Portfolio Operations und Lean Governance für einen oder mehrere Wertströme.

Portfolio Vision

Die Portfolio Vision beschreibt den zukünftigen Zustand der Wertströme und Lösungen eines Portfolios.

Product Management

Das Produktmanagement ist die Funktion, die für die Definition wünschenswerter, praktikabler, realisierbarer und nachhaltiger Lösungen verantwortlich ist, die den Kundenbedürfnissen entsprechen, und die Entwicklung über den gesamten Produktlebenszyklus hinweg unterstützt.

Product Owner (PO)

Der Product Owner (PO) ist das agile Teammitglied, das in erster Linie dafür verantwortlich ist, den vom Team gelieferten Wert zu maximieren, indem es sicherstellt, dass das Backlog des Teams auf die Bedürfnisse des Kunden und der Stakeholder abgestimmt ist.

Product Owner (PO) Sync

Der PO Sync ist ein ART-Ereignis, das dazu dient, den Fortschritt der ART bei der Erreichung der PI-Ziele sichtbar zu machen und eventuell notwendige Anpassungen vorzunehmen.

R

Release Train Engineer (RTE)

Der Release Train Engineer (RTE) ist ein Servant Leader und ART-Coach, der ART-Events und -Prozesse moderiert und Teams bei der Wertschöpfung unterstützt.

Roadmap

Die Roadmap ist ein Zeitplan mit Ereignissen und Meilensteinen, der die geplanten Lösungsergebnisse über einen bestimmten Zeithorizont vorhersagt und kommuniziert.

S

SAFe® Implementation Roadmap

Die SAFe®-Implementierungs-Roadmap besteht aus einer Übersichtsgrafik und einer Serie von 14 Artikeln, die eine Strategie und einen geordneten Satz von Aktivitäten für die erfolgreiche Implementierung von SAFe® beschreiben.

SAFe®-Lean-Agile-Prinzipien

SAFe® basiert auf zehn unveränderlichen, zugrunde liegenden Lean-Agile-Prinzipien. Diese Grundsätze und wirtschaftlichen Konzepte inspirieren und informieren die Rollen und Praktiken von SAFe.

SAFe® Practice Consultants (SPCs)

SAFe® Practice Consultants (SPCs) sind zertifizierte Change Agents, die ihr technisches Wissen über SAFe® mit der intrinsischen Motivation verbinden, die Software, Systeme und agilen Geschäftsprozesse des Unternehmens zu verbessern.

SAFe® Scrum

SAFe® Scrum ist eine agile Methode, die von Teams innerhalb einer ART verwendet wird, um in kurzer Zeit einen Mehrwert für den Kunden zu schaffen. SAFe®-Scrum-Teams verwenden Iterationen, Kanban-Systeme und Scrum-Events, um ihre Arbeit zu planen, auszuführen, zu demonstrieren und zu reflektieren.

SAFe® Team Kanban

SAFe® Team Kanban ist eine agile Methode, die von Teams innerhalb einer ART eingesetzt wird, um kontinuierlich Werte zu liefern. SAFe®-Kanban-Teams wenden einen flussbasierten Prozess auf ihre tägliche Arbeit an und arbeiten innerhalb der ART-Iterationskadenz.

Scrum Master/Team Coach (SM/TC)

Der SAFe® Scrum Master/Team Coach (SM/TC) ist eine dienende Führungspersönlichkeit und ein Coach für ein agiles Team, der Team-Events und -Prozesse moderiert und Teams und ARTs bei der Wertschöpfung unterstützt.

Solution Train

Der Solution Train ist das organisatorische Konstrukt, das zum Aufbau großer Lösungen verwendet wird, die die Koordination mehrerer ARTs und Lieferanten erfordern.

Strategic Themes

Strategische Themen sind Geschäftsziele auf Portfolio-Ebene, die für Wettbewerbsdifferenzierung und strategische Vorteile sorgen. Sie liefern den geschäftlichen Kontext für die Portfolio-Strategie und die Entscheidungsfindung und stellen Aspekte der strategischen Absicht des Unternehmens dar.

System Architect

Der Systemarchitekt ist dafür verantwortlich, eine gemeinsame technische und architektonische Vision für die von einer ART entwickelten Lösungen zu definieren und zu kommunizieren.

System-Demo

Die System-Demo bietet den Beteiligten einen integrierten Überblick über die neuen Funktionen der letzten Iteration, die von allen an ART beteiligten Teams geliefert wurden. Jede Demo bietet eine objektive Messung des Fortschritts und die Möglichkeit, Feedback zu geben.

Systems Thinking

Systems Thinking ist ein ganzheitlicher Ansatz, der alle Aspekte eines Systems und seiner Umgebung in seinen Entwurf, seine Entwicklung, seinen Einsatz und seine Wartung einbezieht.

V

Value Stream Coordination

Die Wertstrom-Koordination beschreibt, wie man Abhängigkeiten zwischen Wertströmen verwaltet und die Chancen nutzt, die sich aus den Verbindungen ergeben.

Value Management Office (VMO)

Das Value Management Office (VMO) ist eine organisatorische Funktion, die für die Erleichterung des Lean-Portfolio-Management-Prozesses und für die Förderung von operativer Exzellenz und Lean Governance als Teil einer Lean-Agile-Transformation verantwortlich ist.

Value Stream Management (VSM)

Wertstrommanagement (VSM) ist eine Führungs- und technische Disziplin, die den maximalen Fluss des Geschäftswerts durch den gesamten Lebenszyklus der Lösungsentwicklung ermöglicht.

W

Weighted Shortest Job First (WSJF)

WSJF ist ein Priorisierungsmodell, das dazu dient, die Arbeit so zu ordnen, dass ein maximaler wirtschaftlicher Nutzen entsteht. In SAFe® wird WSJF als die relativen Kosten der Verzögerung geteilt durch die relative Auftragsdauer geschätzt.

Stichwortverzeichnis

O

P

Q

R

S

T